大气污染防治技术推广系列丛书

国内外典型科技创新服务平台及其推广模式

Typical Domestic and Overseas Scientific and Technological Innovation Service Platforms and Their Promotional Models

生态环境部对外合作与交流中心 / 编著

上海大学出版社

·上海·

图书在版编目（CIP）数据

国内外典型科技创新服务平台及其推广模式 / 生态环境部对外合作与交流中心编著 . -- 上海 : 上海大学出版社 , 2023.2
(大气污染防治技术推广系列丛书)
ISBN 978-7-5671-4683-9

Ⅰ . ①国… Ⅱ . ①生… Ⅲ . ①空气污染－污染防治－科技服务－研究 Ⅳ . ① X51

中国国家版本馆 CIP 数据核字 (2023) 第 030982 号

责任编辑　王悦生
装帧设计　柯国富
技术编辑　金　鑫　钱宇坤

国内外典型科技创新服务平台及其推广模式
生态环境部对外合作与交流中心　编著

上海大学出版社出版发行
（上海市上大路99号　邮政编码 200444）
（https://www.shupress.cn　发行热线 021-66135112）
出版人　戴骏豪

*

上海新艺印刷有限公司印刷　各地新华书店经销
开本 890mm×1240mm 1/32　印张 5.5　字数 114千
2023年2月第1版　2023年2月第1次印刷
ISBN 978-7-5671-4683-9/X · 10　定价：48.00元

本书编委会

专家指导组　张玉军　李永红

主　　编　刘兆香　王树堂　高丽莉　岳　涛

编　　委　唐艳冬　张晓岚　闫　枫　崔永丽

于之的　路国强　乔　琦　焦　正

潘　赟　智　静　童亚莉　王晨龙

马雅静　王　京　邓琳华　刘雨青

李奕杰　李宣瑾　杨　琦　杨　铭

蔡晓薇　陈艳青　林　臻　周七月

赵敬敏　费伟良　奚　旺　焦诗源

贾国庆　杨大鹏　侯桂红　兰　燕

序

党的十八大以来，以习近平同志为核心的党中央站在坚持和发展中国特色社会主义、实现中华民族伟大复兴的中国梦的战略高度，把生态文明建设和生态环境保护摆在治国理政的重要位置。2018 年 5 月，全国生态环境保护大会胜利召开，大会正式确立习近平生态文明思想，为推动生态文明建设和生态环境保护提供了思想指引和行动指南；同年 6 月，公布的《中共中央 国务院关于全面加强生态环境保护 坚决打好污染防治攻坚战的意见》进一步明确了打好污染防治攻坚战的时间表、路线图、任务书；生态环境部总结出了打好污染防治攻坚战的七大标志性战役：打赢蓝天保卫战、打好柴油货车污染治理、城市黑臭水体治理、渤海综合治理、长江保护修复、水源地保护、农业农村污染治理；全国生态环境保护大会上，习近平总书记强调，要把解决突出生态环境问题作为民生优先领域；坚决打赢蓝天保卫战是重中之重，要以空气质量明显改善为刚性要求，强化联防联控，基本消除重污染天气，还老百姓蓝天白云、繁星闪烁。可见，大气污染防治任务紧迫、艰巨，市场对先进、适用的大气污染防治技术提出了急切的需求，环保产业进入到前所未有的发展高潮。

环保产业是一个跨产业、跨领域、跨地域，与其他经济部门相互交叉、相互渗透的综合性新兴产业。环保产业的发展离不开政策引导和技术推广机制构建。技术推广机制主要包括政策、模型、平台、模式等，形成以模型分析为基础、政策为导向、技术推广平台为依托、商业化模式为载体的大气污染防治技术推广体系。大气污染防治技术更好的推广应用有助于推动大气质量改善，推动传统产业提标、改造、升级，同时使环保产业进一步成为国民经济的重要组成部分甚至支柱产业，服务我国环境质量改善，助力绿色“一带一路”建设。

为贯彻落实《中共中央 国务院关于加快推进生态文明建设的意见》《国务院关于印发大气污染防治行动计划的通知》（国发〔2013〕37号）的相关部署，科技部会同生态环境部等部门，制订了国家重点研发计划“大气污染成因与控制技术研究”重点专项，为大气污染防治和发展节能环保产业提供科技支撑。“大气污染防治技术推广系列丛书”系该专项项目成果，集成了该项目技术人员多年的研究成果和积累，是国内首套系统阐述环保技术推广的丛书。

该丛书契合我国当前环境管理和大气污染防治工作的需要，对指导我国环保技术推广，服务环境质量改善有着十分重要的现实意义。该丛书集合了大气污染防治技术推广政策、模型、平台、国内外典型模式及案例，并提出了环保技术推广三大主要模式——政府型、平台组织型、企业型，及其技术推广体系架构，旨在为国内和“一带一路”共建国家的环境质量改善提供科技参考。该丛书的主要作者都是从事环保政策研究、环保技术推广工作的专家、学者，他们不论是在研究成果还是实践经验方面都有丰富的专业积累。相信该丛书的出版对从事环境管理、环保技术推广等工作和研究的读者有很强的吸引力和重要的参考价值。

2019年9月

前 言

提高科技成果转化率是保障高质量发展的技术支撑。2006 年 2 月，国务院发布《国家中长期科学和技术发展规划纲要（2006—2020 年）》以及为落实该规划纲要的若干配套政策，提出要加强科技基础条件平台建设，建立科技基础条件平台的共享机制，加强面向企业技术创新的服务体系建设。2016 年 5 月，习近平总书记在全国创新大会上提出，“必须坚持走中国特色自主创新道路，面向世界科技前沿、面向经济主战场、面向国家重大需求，加快各领域科技创新，掌握全球科技竞争先机。”科技创新服务平台作为为企业和行业提供科研开发的集成设施、环境和为科技创新提供共性基础条件和社会化中介服务的基础性服务类型，在科技创新体系建设中发挥着重要的作用。目前我国主要产业规模、体量在世界上已经做到了最大，资本、劳动力以及科技人员规模也较为丰富，但是我国科技创新仍然存在着科技成果与市场需求脱节、科技成果转化存在较大障碍、知识产权保护力度不够等问题，科技创新水平与产业竞争力薄弱，科技创新质量仍有待提升。

建设科技创新服务平台，实现科技资源的汇集、管理、开放和共享，有助于降低创新成本，避免资源浪费，促进科技创新与创业，可以成为数字经济时代推进科技创新体系建设的重要战略举措。在借鉴国外优秀科技创新服务平台建设经验的基础上，经过长期的发展，我国已经有了一些较为成熟的科技创新服务平台。本书自 2019 年开始研究编写，作者对政府主导型和市场自发型科技创新服务平台进行了研究，从服务内容、资金来源等方面进行案例分析，识别目前我国政府主导型科技创新服务平台建设存在的问题。同时，选取美国以及欧洲和亚洲的一些国家的典型科技创新服务平台，从平台建设背景、平台发展、服务内容、资金来源、运营模式等方面进行了案例分析，总结了国外科技创新服务平台的建设和运营经验，并对我国科技创新服务平台的建设提出了建议。

目　录

第1章

概　述

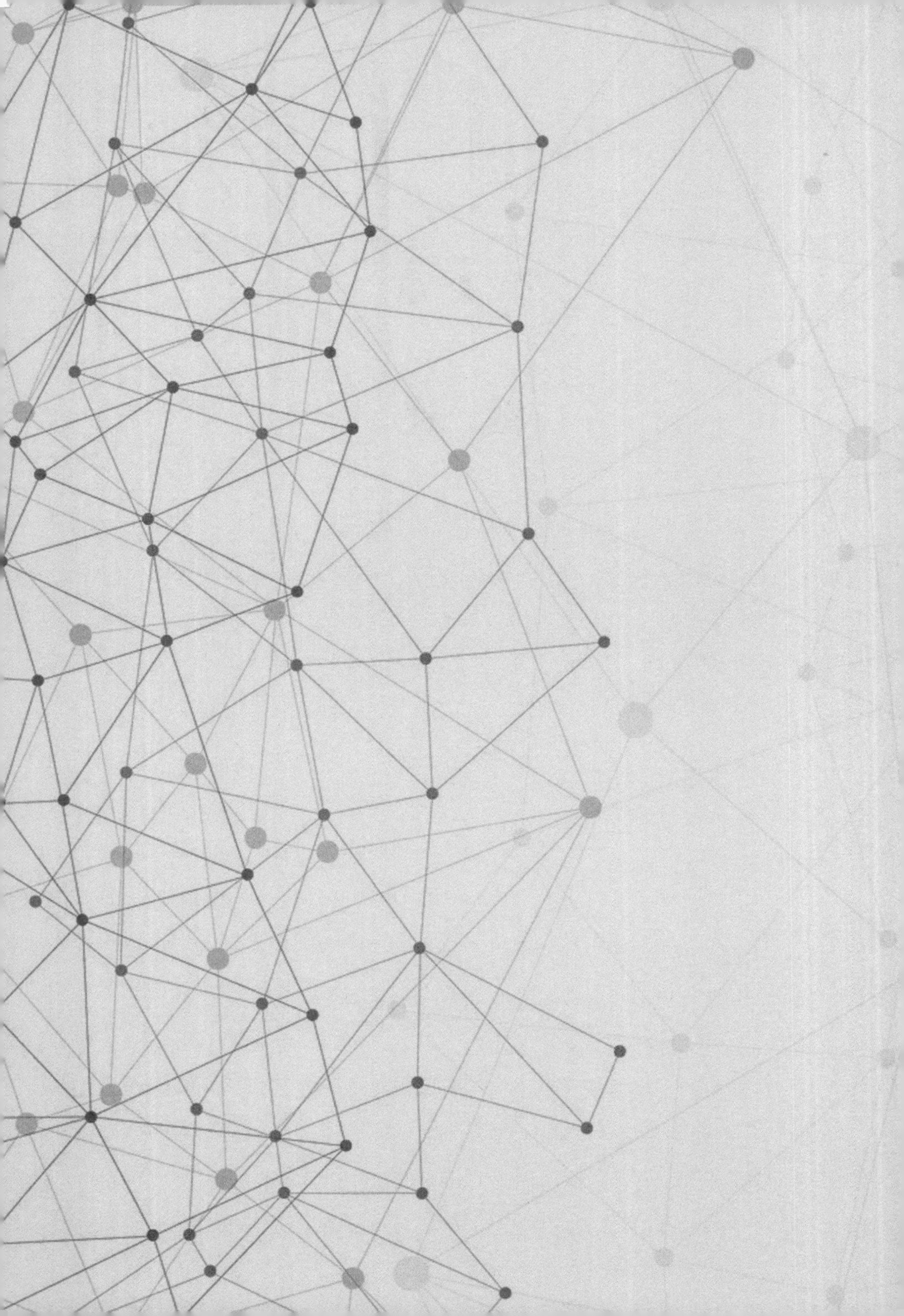

1.1 基本概念及特征

1.1.1 基本概念

创新平台（Platform for Innovation）概念源于1999年美国竞争力委员会发布的《走向全球：美国创新新形势》报告，该报告提出了创新基础设施以及创新过程中不可缺少的要素，包括人才和前沿研究成果的可获得性，促进理念向创造财富的产品和服务转化的法规、会计和资本条件，创新者能够收回投资的市场准入和知识产权保护等[1]。2000年3月，欧盟在 “里斯本战略”（Lisbon Strategy）中提出建立欧洲创新技术平台——欧洲创新与技术研究院（European Institute of Innovation and Technology，EIT），用于实现欧盟层面的科技创新[2]。EIT选择若干对经济和社会发展有重大影响的领域，自下而上地将企业、高校和科研机构、政府、相关机构组织在一起，共同制订欧洲的创新计划，确定重点领域、期限和行动计划，通过法律、经济、技术等领域的创新带动创新计划的实施，提升欧洲整体创新能力，增强欧洲工业竞争力，促进欧洲经济增长[3]。欧盟于2010年6月正式通过了指引未来10年发展的纲领性文件“欧盟2020战略”，提出了构建“创新型联盟”的设想，并且把“创新型联盟”列为实现欧盟未来10年发展目标的七大计划之首，“创新型联盟”其中一项内容是“产学研加强互动，建立激励机制，促进科研成果转化”[4]。

科技创新服务平台是国家或区域创新体系的重要组成部分。从实践来看，科技创新服务平台形式灵活多样，既可以是组织、机构，也可以是虚拟网络平台。综合目前国内外科技创新服务平台的现状和未来发展方向来看，科技创新服务平台的主要功能是面向企业和行业科技创新需求，整合集聚科技资源，提供科技信息、科技金融、知识产权、评价评估、财务、法律、培训等全方位科技创新专业服务，支撑和服务于科学研究和技术开发活动。科技创新服务平台角色定位详见图1-1。科技创新服务平台的类型较多，从科技创新的环节划分，科技创新服务平台包括服务于研究与开发的重点实验室等基础条件平台，服务于进一步提升科技成果成熟度的工程中心、中试基地等，服务于科技成果产业化的科技企业孵化器、科技园等；从创新平台建设的主体划分，有政府主办、企业主办、社会机构主办以及多方联合设立运营的平台；从科技创新的要素划分，可以有技术转移平台、人才平台、资本平台等[5]。

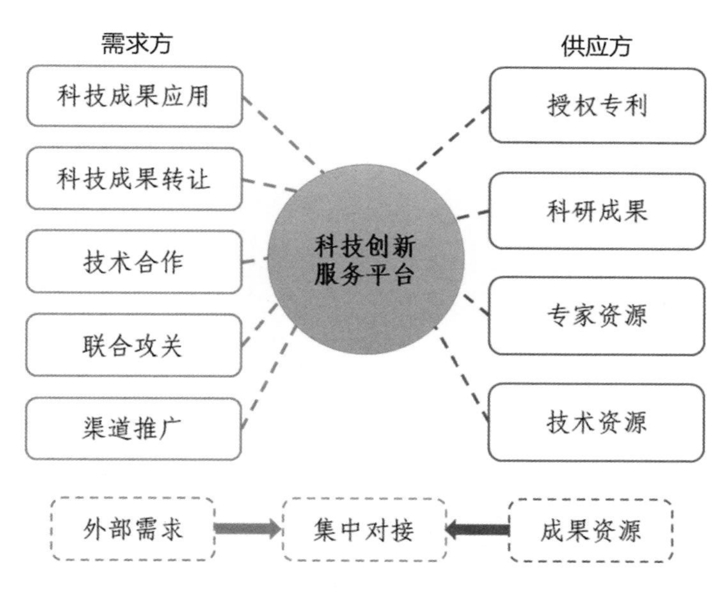

图 1-1 科技创新服务平台角色定位

基于《国家中长期科学和技术发展规划纲要(2006—2020年)》中对科技基础条件平台的定义，科技创新服务平台可进一步理解整合集聚科技资源、具有开放共享特征、支撑和服务于科学研究和技术开发活动的科技机构或组织。根据平台依托单位、功能、服务对象等，可将我国科技创新服务平台划分为科技研发实验平台、科技基础条件平台、技术创新服务平台、科技公共服务平台四大类。不同类型的科技创新服务平台具有各自的特征和主体服务对象。科技创新服务平台类型及特征见表 1–1。

表 1–1 科技创新服务平台类型及特征

类 型	功 能	依托单位	服务对象	示 例
科技研发实验平台	研发创新	高校科研院所及企业研发部门/中心，以高校科研院所为主	企业及高校科研院所	国家重点实验室、工程技术研究中心
科技基础条件平台	面向科技需求提供大型仪器设备、数据等共享服务，以及基础条件研发	高校科研院所	企业及高校科研院所	仪器设备共享平台、文献情报中心、标本馆
技术创新服务平台	面向企业技术创新需求提供研发设计、成果转化、创业辅导、决策咨询、技术融资、信息交流等技术服务	高校科研院所、科技中介服务机构、骨干企业	以企业为主	国家生态环境科技成果转化综合服务平台
科技公共服务平台	面向社会公众提供科技开放服务	高校科研院所	社会公众	中国数字科技馆、国家科技管理信息系统公共服务平台

1.1.2 特征

科技创新服务平台主要功能包括条件资源服务、技术研发服务、技术成果转化与推广服务、产业技术人才培训与交流服务等。

根据科技创新服务平台的定义，科技创新服务平台具有以下五个基本特性：

（1）资源集聚性

科技创新服务平台有效整合了高等院校、科研院所、科技中介服务机构以及骨干企业的大量优势资源，为技术创新活动提供服务和保障。

（2）功能协同性

科技创新服务平台有效整合相关主体功能，在资源共享、信息交流、技术交易等技术服务方面实现优势互补、全面合作。

（3）服务全面性

基于产业和区域发展的重大需求，面向企业技术创新共性需求，科技创新服务平台提供全面的公共服务内容，包括技术交易、技术融资、市场分析、技术孵化、信息交流、技术推广、技术对接、人才培训等。

（4）机制创新性

科技创新服务平台在管理和运行机制方面结合实际，

创新体制机制，各具鲜明特色。

（5）载体多样性

科技创新服务平台具体形式多样，平台、中心、基地、实验室、网站等都可以是其具体的表现形式。

1.2 相关政策及运营模式

1.2.1 相关政策

为促进我国科学技术创新发展，国家及地方出台了多项规划、方案、纲要、指导意见、管理办法等政策文件，对科技创新服务平台的建设和管理提出明确的要求和支持措施。2006 年 2 月，国务院发布《国家中长期科学和技术发展规划纲要（2006—2020 年）》以及为落实该规划纲要的若干配套政策，提出要加强科技基础条件平台建设，建立科技基础条件平台的共享机制，加强面向企业技术创新的服务体系建设。随后的《国家“十二五”科学和技术发展规划》和《“十三五”国家科技创新规划》均继续提出要推动科技创新服务平台建设的任务。2016 年，国务院发布《中国落实2030年可持续发展议程创新示范区建设方案》，提出要统筹利用企业投入、社会资本、财政资金等，支持国家可持续发展议程创新示范区的科研基础条件、技术创新平台和创新创业服务机构等建设。

从目前我国及地方科技创新服务平台建设相关政策来看，我国虽然早在2006年就提出要建立科技创新服务平台，但服务内容主要是科技基础条件支撑，且相关的配套及后续政策连续性不足。随着创新性国家建设思路的明确，技术创新服务平台建设要求、政策配套也日益完善。为落实国家层面提出的科学技术创新发展要求，地方政府也纷纷出台相应政策，对地方科技创新服务平台建设提出具体要求，部分地方政府还专门出台科技创新服务平台建设补助政策，助力地方科技创新服务平台的发展。

国家及地方科技创新服务平台建设相关政策见表1-2。

表1-2　国家及地方科技创新服务平台建设相关政策梳理（不完全统计）

年份	发布机构	名称	主要内容
2006	国务院	《国家中长期科学和技术发展规划纲要（2006—2020年）》	加强实验基地、基础设施和条件平台建设。 推进科技创新基地与条件平台的开放共享。
2006	国务院	《实施〈国家中长期科学和技术发展规划纲要（2006—2020年）〉若干配套政策》	加强面向企业技术创新的服务体系建设。

续表

2016	国务院	《“十三五”国家科技创新规划》	强化企业创新主体地位和主导作用。推动形成一批专业领域技术创新服务平台，面向科技型中小微企业提供研发设计、检验检测、技术转移、大型共用软件、知识产权、人才培训等服务。 完善科技成果转移转化机制。支持地方建设通用性或行业性技术创新服务平台，搭建科技成果中试与产业化载体，开展研发设计、中试熟化、检验检测、知识产权、投融资等服务。
2016	国务院	《中国落实2030年可持续发展议程创新示范区建设方案》	加大政策支持。统筹利用企业投入、社会资本、财政资金等，支持国家可持续发展议程创新示范区的科研基础条件、技术创新平台和创新创业服务机构等建设。
2016	国务院	《国家创新驱动发展战略纲要》	推动创新创业，激发全社会创造活力。引导社会资本参与建设面向小微企业的社会化技术创新公共服务平台。
2016	国务院	《北京加强全国科技创新中心建设总体方案》	夯实重点产业技术创新能力。完善技术创新服务平台体系，加强研究开发、技术转移和融资、计量、检验检测认证、质量标准、知识产权和科技咨询等公共服务平台建设，打造高端创业创新平台。利用中关村政策优势，推动国防科技成果向民用领域转移转化和产业化。

续表

2017	科技部、国家发展改革委、财政部	《"十三五"国家科技创新基地与条件保障能力建设专项规划》	推动科技资源共享服务平台建设发展。完善运行管理制度和机制。
2018	生态环境部	《关于促进生态环境科技成果转化的指导意见》	构建科技成果转化综合服务平台。整合生态环境领域成果转化综合服务资源，建设集成果汇聚、信息发布、供需对接、咨询交易、金融投资等功能为一体的，国家与地方相结合、公益与市场相结合、线上线下相结合，开放共享、统一联动的生态环境保护科技成果转化综合服务平台。
2006	浙江省科学技术厅	《浙江省省级行业和区域创新平台建设与管理试行办法》	（一）平台建设要政府主导，科学规划，合理布局。（二）平台建设要着力于改善创新条件，强化公共服务。（三）平台建设要整合存量资源，优化增量配置。（四）平台建设要坚持以企业为主体，市场运作，多方投入，产学研相结合。（五）平台建设要十分重视创新人才的培养、引进和使用。

续表

2008	浙江省科技厅、财政厅	《浙江省公共科技创新平台建设经费管理暂行办法》	专项经费用于支持省级公共科技基础条件平台、行业创新平台和区域创新平台建设等。省级行业创新平台和区域创新平台建设的专项经费，主要用于与提高平台整体创新服务水平有关的关键仪器设备、软件等的添置、仪器设备维修、高层次人才引进、调研设计科研项目、弥补必要的创新服务运行成本等。
2009	浙江省科学技术厅	《浙江省科学技术厅关于印发浙江省重大公共科技创新服务平台建设专项资金绩效评价方案的通知》	评价的范围是2005—2007年批准设立的18个省重大公共科技创新服务平台。评价内容包括项目的合同执行和完成情况，平台运行管理，平台建设运行效果，平台资源的共享性,平台创新能力，平台为企业解决技术难题和开展技术服务等情况，项目经费预算的执行情况、配套和自筹资金到位情况、财政专项资金管理情况等。
2017	浙江省科学技术厅	《浙江省科学技术厅关于加强省级科技创新服务平台建设的通知》	加强管理考核，整合提升创新平台服务能力。围绕“10+1”传统产业，主动布局创新平台建设。聚焦战略性新兴产业培育，超前谋划创新平台建设。

续表

2006	上海市政府	《上海中长期科学和技术发展规划纲要（2006—2020年）若干配套政策》	建立以企业需求为导向的产学研公共服务平台。拓展研发公共服务平台功能，推进资源整合，构筑以项目为载体，集企业技术攻关项目需求发布、高校和科研院所科研成果供给、技术成果交易等功能于一体的产学研公共服务平台。
2012	银川市科技局	《银川市科技局关于印发银川市科技创新服务平台建设管理办法（暂行）的通知》	平台建设按照“统筹规划、整合集成、突出特色、务求实效”的原则进行规划、建设和管理，积极探索建立“政府引导、多元化投入、市场化运行、开放共享”的管理机制。
2019	太原市科学技术局	《关于落实支持企业建设技术创新平台相关补助政策的通知》	鼓励由企业牵头，在高端装备制造、大数据、新材料、不锈钢深加工、新能源、节能环保、生物医药等领域建设产业技术创新战略联盟、重点实验室、技术创新中心（工程技术研究中心）。

1.2.2 运营模式

科技创新服务平台的运营模式分类可以从多角度进行分类。按资金来源分类、按服务途径分类以及按平台角色分类是常见的分类方式（图 1-2）。

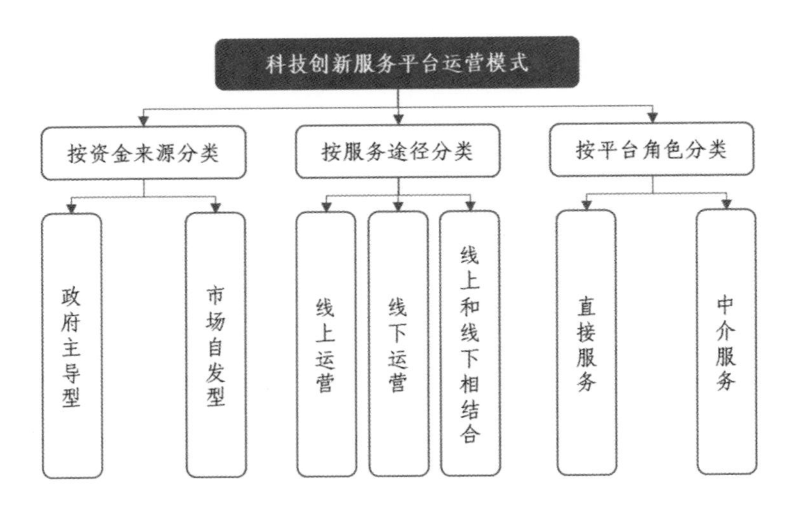

图 1-2 科技创新服务平台运营模式

（1）按资金来源分类

科技创新服务平台同时具备公共服务与商业服务的属性。科技创新服务平台的成本有政府支持和服务需求方支持两种形式。由政府支持运营的科技创新服务平台以提供公共服务为主，该类平台一般为非盈利机构，为政府主导型平台，其主要目的是落实国家及地方相关科技创新发展政策，促进企业创新发展[6]。如由生态环境部建立的“一带一路”生态环保大数据服务平台，为“一带一路”共建国家提供环境数据支持，共享生态环保理念、法律法规与标准、环境政策和治理措施等信息。由服务需求方支持的科技创新服务平台以提供专业的增值服务为主，基本服务往往是平台用于吸引用户的主要手段，平台通过会员费、服务费等形式盈利，以支撑平台的运营，该类平台为盈利机构，为市场自发型平台。如谷腾环保网采取会员制，为注册用户和访问用户提供个性化线上资讯传播服务。

（2）按服务途径分类

从科技创新服务平台的服务途径来看，平台运营模式可分为线上运营、线下运营和线上线下相结合三种模式。线上运营以网站、软件等线上环境为载体，提供在线咨询、信息查询、技术搜索等服务。如美国网络技术交易平台（Yet2），是全球首次利用网络进行虚拟技术交易的先驱，也是目前全球最大的网络技术交易市场平台[7]。线下运营则通过对接会、会议等形式提供咨询、融资、测试、培训等服务，如E20环境平台和欧洲企业网络（EEN）。目前，较多的科技创新服务平台以线上线下相结合的运营模式提供服务。

（3）按平台角色分类

从平台角色来看，科技创新服务平台运营模式可分为直接服务和中介服务两类。直接服务指平台本身直接作为服务功能提供方，平台提供的服务通常为大多数平台用户所需要的基本服务。如中国数字科技馆，开展以网络为主要平台的科技教育，组织各类线上线下活动。平台的中介服务主要为供求双方提供渠道，起到供需对接的作用。如欧盟 EIT 平台与欧洲顶级理工科类大学、商学院及能源相关企业合作，将技能培养与创新创业素质培养相结合，设立各类高层次创新人才培养项目，为创新型从业者提供知识、科研和创业等综合技术课程培训体系 [8]。目前，大多数平台将直接服务与中介服务相结合提供综合性平台服务。

第2章

国内政府主导型科技创新服务平台

2.1　案例分析

2.1.1　中国数字科技馆

中国数字科技馆（https://www.cdstm.cn/）是由中国科协、教育部、中国科学院共同建设的一个基于互联网传播的国家级公益性科普服务平台。中国数字科技馆以激发公众科学兴趣、提高公众科学素质为己任，面向全体公众，特别是青少年群体，搭建一个网络科普园地。在中国数字科技馆这个平台上，公众能够增长科学知识，体验科学过程，激发创意灵感，了解科技动态，分享丰富的科普资源。

图 2-1　中国数字科技馆首页

中国数字科技馆是国家科技基础条件平台项目之一。2005 年 12 月，中国数字科技馆项目正式启动，由中国科协、教育部、中国科学院共同建设。2007 年 11 月，中国数字科技馆获得了“2007 世界信息峰会大奖”（WSA2007）——最佳电子科学（e-Science）奖。2009 年 9 月 28 日，中国数字科技馆项目通过科技部项目验收。2010 年起，中国科学技术馆全面负责中国数字科技馆常态化运行管理工作。

中国数字科技馆致力于提高公民科学素质。通过集成和分享国内外优质科普资源，开展以网络为主要平台的科技教育，促进全社会参与科学传播，从而达到提升公民科学素质、加快网络科普发展的目标。中国数字科技馆是公众学习科学知识、讨论科学问题、发表科学见解的平台；是科普工作者和科普机构获取科普资源、交流科普经验、了解科普市场的平台。“让科学深入人心”是中国数字科技馆的发展愿景。

在内容建设方面，中国数字科技馆建有近百个不同学科、专业领域的专题馆和各类科普资源。同时，针对国际国内重大科技事件、热点社会问题、结症，整合相关资源，推出科普专题，突出对高新科技及当前热点问题的解读，为公众提供时效性、实用性强的内容。网站推出大型网络科普游戏，设有科学博客、社区、论坛、微博、活动等互动版块，还通过组织各类线上线下活动吸引公众。

主要服务包括两大类：一是提供互联网浏览与互动交流服务，特别是咨询栏目，每日集成国内外的科技信息，为公众提供一站式科技信息服务；二是手机服务，中国数字科技馆开通了手机 WAP 版数字科技馆、手机客户端，其中手机客户端服务还实现了实体科技馆与数字科技馆的虚实联合互动等。

在中国数字科技馆的发展中，中国数字科技馆从最初的科普资源集成共享网络平台，逐步发展为集网站、移动端、线上线下活动以及科普大篷车和流动科技馆等的远程管理平台等功能为一体的综合性网络科普服务系统，既是国家科技基础条件平台，也是面向公众的科普网站和中国现代科技馆体系建设的枢纽。中国数字科技馆秉持互联网时代开放、普惠理念，充分利用多方社会力量共同进行科普资源的建设与传播。可以说，“互联网 + 科普”一直是中国数字科技馆建设的题中之义[9]。

2.1.2 国家科技管理信息系统公共服务平台

2014 年 12 月，国务院印发《关于深化中央财政科技计划（专项、基金等）管理改革方案》（国发〔2014〕64 号），要求建设、完善国家科技管理信息系统，通过统一的信息系统，对中央财政各类科技计划（专项、基金等）的需求征集、指南发布、项目申报、立项和预算安排、监督检查、验收结果等进行全过程信息管理，并主动向社会公开非涉密信息，接受社会监督，同时实现与地方科技管理系统的互联互通。

国家科技管理信息系统是跨多部门、多地区运行的综合性信息服务系统和信息技术应用体系。国家科技管理信息系统一方面与各部门、各地区相关科技业务管理信息系统衔接，保证各类科技管理业务的相互衔接和业务协同，实现业务信息、科研项目数据的互联互通；另一方面承载各类跨部门宏观决策、综合管理和各类专项业务中的统筹管理功能，保障跨部门、跨地区的综合管理业务，形成统一的科技数据资源目录，实现宏观科技管理、计划专项布局、专项组织实施、资金管理、评估评价、成果转化等环节的统一规范管理。

国家科技管理信息系统公共服务平台（https://service.most.gov.cn/）运行于互联网，利用信息化技术简化科技计划（专项、基金等）服务层级，优化服务业务流程，向社会公众、科研人员提供统一的科技信息发布公示、科技计划（专项、基金等）信息查询、科技项目申报、科技项目过程组织实施、科技计划项目数据查询、科技报告、科技计划业务交互服务等功能（图 2–2）。

图 2–2　国家科技管理信息系统公共服务平台首页

公开统一的国家科技管理信息系统，可以推进国家乃至地方科技政务管理，强化我国数字科研档案管理，推进创新要素集成管理，实现科研过程监控治理、科研绩效考核评估、知识资源开放服务等[10]。

2.1.3 “一带一路”生态环保大数据服务平台

“一带一路”生态环保大数据服务平台（简称大数据服务平台，https://www.greenbr org.cn/）是2017年4月第一届“一带一路”国际合作高峰论坛开幕式上由中国国家主席习近平倡议建设的。经过一年多的建设，2019年4月25日，在第二届“一带一路”国际合作高峰论坛绿色之路分论坛上，大数据服务平台门户网站正式发布，并纳入第二届国际合作高峰论坛成果清单。

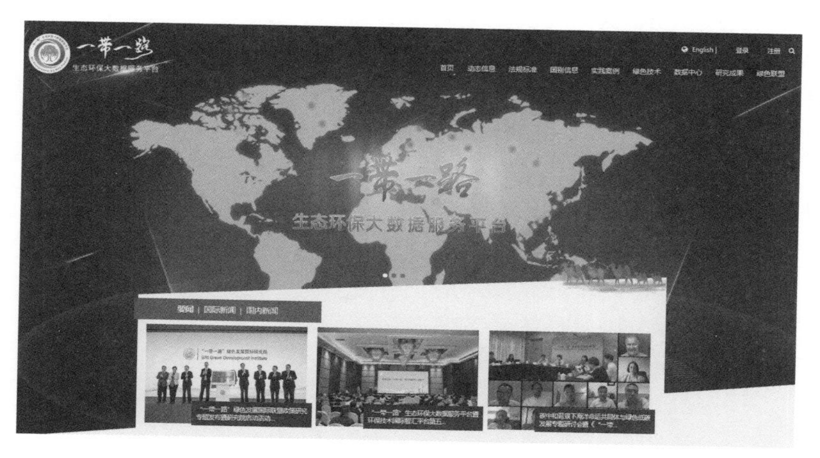

图2-3 “一带一路”生态环保大数据服务平台首页

大数据服务平台旨在建设一个先进、开放、透明、共建、共享、安全的生态环境信息交流旗舰式平台，并为“一带一路”共建国家提供环境数据支持，共享生态环保理念、法律法规与标准、环境政策和治理措施等信息，服务绿色“一带一路”建设和联合国 2030 年可持续发展议程的落实（图 2-3）。大数据服务平台主要功能包括以下四个：

一是通过大数据平台中英文门户网站、微信公众号、APP 提高平台的吸引力和对外影响力，并通过多双边机制，逐步打造自身品牌，全面实现“信息共享”；

二是通过完善“一张图”决策支持及“舆情”分析 2 个业务系统，实现对内“决策支持”功能；

三是依托中心多双边机制，积极推动建立各国共建生态环保信息共享机制，通过签订共建协议或纳入领导人机制相关会议文件等方式，建立官方合作机制；

四是在示范子平台建设基础上，全面推动“一带一路”共建国家的平台共建工作，并在大数据服务平台框架下，逐步分领域、分国别、分区域地推动务实合作示范项目。

2.1.4 环保技术国际智汇平台（3iPET）

作为“一带一路”生态环保大数据服务平台的子平台，环保技术国际智汇平台（3iPET，http://www.3ipet.cn/）是在生态环境部的支持下，由生态环境部对外合作与交流中心着力打造的国际化、智能化、集成化的环保技术专业服务平台（图 2-4）。3iPET 以水气土污染防治、节能减排、清洁生产和环境公约履约等领域为重点，以“互联网 + 环保技术”，线上线下相结合的模式，致力于为国内外企业、政府、产业园、环保从业人员提供污染防治技术等服务，实现中国环境治理知识共享、促进国内外环保技术交流合作、推动环保技术“引进来、走出去”和产业化发展，服务中国及全球环境污染治理和环境状况改善。3iPET 目前拥有六大服务功能：政策市场咨询、集成展览展示、技术评估推荐、技术对接推广、金融投资服务和培训交流合作。

图 2-4 环保技术国际智汇平台首页

（1）政策市场咨询

为国内外政府、企业、环保园区和城市提供政策市场咨询服务，包括政策解读、市场分析、尽职调查、战略规划、问题诊断、解决方案、技术集成等综合服务。

（2）集成展览展示

通过“百强环保技术竞赛”等活动汇集优秀环保技术、

装备和解决案例，并通过智汇电子信息平台及实体展览等形式进行长期展示。

（3）技术对接推广

通过国内外合作基地及举办对接会议、实地考察等方式，精准定位技术供需信息，帮助国外优秀企业开拓中国市场、助力国内企业进军海外市场，对于优势技术开展试点示范以及全球市场推广。

（4）技术评估推荐

为国内外企业提供环保技术评估咨询服务，对于评估后的优势技术将重点在 3iPET 推广。

（5）金融投资服务

为国内外企业和金融机构并购投资提供信息和项目推荐，为优质环保技术项目寻找融资渠道，开展投融资业务咨询。

（6）培训交流合作

开展国际交流合作，开发实施国际合作项目；为企业、机构等提供环境政策、技术、管理等方面的国际化培训和国际交流服务。

2.1.5　上海研发公共服务平台

上海研发公共服务平台（http://www.sgst.cn/）自 2004 年 7 月正式启动运行以来，按照《上海市中长期科技发展规划纲要(2006—2020年)》的总体要求，本着“共建、共享、协作、服务”的基本原则，以“服务科技创新、助推产业发展”为主线，不断整合集聚科技创新资源，满足上海市科技创新发展的公共需求，为各类企业、高校和个人用户提供科技创新公共服务（图2–5）。

图2–5 上海研发公共平台首页

上海研发公共服务平台致力于建设涵盖科研机构、仪器设施、科技文献、科学数据、科技人才、试验基地等的科技创新资源数据中心，为广大用户提供研发设计、工艺开发、中试孵化、检测测试、政策咨询、公益培训等一站式科技创新服务，促进科技资源在全社会范围内的高效配置和共享利用，提升企业自主创新能力，降低创新创业成本，促进产学研合作，系统优化科技创新和产业化环境，成为上海科技创新体系的重要组成部分，也是国家科技基础条件平台建设运营的示范基地和重要节点。目前，平台服务对象已覆盖了全国各省、市、自治区及港澳台地区，在海外也已具有一定的知名度与影响力。

上海研发公共服务平台主要由数据中心、办事大厅、长三角科技创新券、政策法规和研究报告等部分组成。

（1）数据中心

上海科技创新资源数据中心（Shanghai Science and Technology Innovation Resource Center，http://www.sstir.cn/）是按照上海建设全球有影响力的科技创新中心的总体要求，聚焦科技服务产业发展需求，通过大数据、云计算、互联网 + 等技术手段，整合集成科技人才、仪器设施、检验检测、科技文献、专利成果、科学数据等科技资源和服务大数据，在采集、汇聚上海市科技资源和服务大数据的基础上，实现科技数据的加工、存储、挖掘、分析、共享和服务，从而促进科技资源科学统筹配置，转变政府职能，促进科技资源共享利用，提高服务水平，提高全社会创新服务效率，推动科技研发服务产业的快速发展。

用户可以在上海科技创新资源数据中心享受到以下服务：上海大型仪器设施信息服务数据库、全球高层次科技专家信息平台、研发基地资源数据库、科技 114、中西文科技文献服务平台。

（2）办事大厅

为已加盟的服务单位提供仪器共享、项目管理、资源调查、加盟平台等事项的办事入口，查看相关公告，提供文档下载。

（3）长三角科技创新券

介绍长三角科技创新券的政策、通知、使用帮助和服务项目，提供科技创新券的申请、兑现等功能入口。

（4）政策法规

可以查看到《上海市促进大型科学仪器设施共享规定》、上海市各区配套政策法规以及其他相关的科技政策。

（5）研究报告

包含科学发展研究和科技进步报告，供管理决策参考。

2.2 政府主导型科技创新服务平台对比与分析

2.2.1 政府主导型科技创新服务平台优缺点

为了直观了解各平台特点，现将上述政府主导型科技创新服务平台的优缺点进行对比，见表 2-1。

表 2-1 政府主导型科技创新服务平台优缺点

主要平台	优　点	缺　点
中国数字科技馆	公益性，分享丰富的科普资源，拥有各类科普资源由多部门共同建设，平台功能多样化，集网站、移动端、线上线下活动等多功能为一体	缺乏科技成果转化的专业人才

续表

国家科技管理信息系统公共服务平台	拥有跨多部门、多地区运行的综合性信息服务系统和信息技术应用体系	1. 创新效率不高，各部门之间的协同性有待完善 2. 人才培养策略不够健全
“一带一路”生态环保大数据服务平台	服务模式多样化，以中英文门户网站、微信公众号、APP 提高平台的吸引力和对外影响力	1. 平台增值服务内容较为单一 2. 缺乏科技成果转化的专业人才
环保技术国际智汇平台	1. 互联网 + 环保技术，线上线下相结合的模式，致力于为国内外企业、政府、产业园、环保从业人员提供污染防治技术等服务 2. 拥有四大服务功能：集成展览展示、技术评估推荐、技术对接推广、政策市场咨询	创新服务不够连贯，建议推出一站式科技创新服务
上海研发公共服务平台	1. 一站式科技创新服务 2. 平台宣传力度强，平台服务对象覆盖广，在海外也已具有一定的知名度与影响力	金融服务促进科技创新的相关机制构建不够成熟

2.2.2　政府主导型科技创新服务平台分析

从表中 2-1 可以看出，政府主导型科技创新服务平台更侧重于服务和信息汇集与展示，信息全面而且具有权威性，但对于科技推广应用涉及较少，且缺乏相关人才。

2.3 经验总结

2.3.1 分领域统筹建立国家级权威平台

注重行业领域特征，加强科技创新服务平台分类建设。目前由生态环境部组织和指导，生态环境部环境发展中心开发、建设和运行的国家生态环境科技成果转化综合服务平台（http://www.ceett.org.cn/），是直接面向各级地方政府及其生态环境保护相关工作部门、污染治理和生态修复企业提供技术服务，也是服务于从事环保产业发展的科技机构和企业，直接推动生态环境科技成果转化的工作平台（图 2-6）。

图 2-6 国家生态环境科技成果转化综合服务平台首页

其他行业领域可借鉴国家生态环境科技成果转化综合服务平台的建设，打造行业领域国家级权威科技创新服务平台。

2.3.2　政务管理和科技创新服务一体化运营

实践证明，将科技政务管理与科技创新服务相结合，能有效地提高平台的使用效率，真正实现政府对企业和创新团队的支持和引导。除了常规的咨询发布、技术搜索、技术供需发布等功能，多个地方科技创新服务平台实现了政务管理和科技创新服务一体化。如国际科技创新中心的网络服务平台可办理企业资质认证，浙江省科学技术厅“浙江科技大脑”平台可实现企业认定、项目申报和奖励补助申领，南昌科技创新公共服务平台已实现“政企协同”一站式科技服务。

2.3.3　“互联网 + 科技服务”云服务平台

随着互联网的发展，“互联网 + 科技服务”云服务平台已在多地应用建设。云服务平台大大提高了科技服务效率。科技成果拥有者和需求者可在线上传科技成果和技术需求，在线咨询科技成果信息，并进一步完成科技成果对接。平台提出“云超市”的概念，针对创业企业（团队）、机构和区市县三类用户，可在“云超市”中购买“商品”。

2.3.4 科技金融结合

科技与金融是经济发展中的两大重要引擎，促进科技金融结合，是《国家中长期科技发展规划纲要（2006—2020）》及其配套政策确定的战略措施。南昌科技创新公共服务平台提供科技金融服务，企业和科技创新主体发布融资项目，投资者对感兴趣的项目可进行平台咨询，平台扮演投融资对接角色。平台还可在线申请办理南昌市科技发展引导基金、洪城科贷通、科创券和科技成果转化基金。成都创新创业服务平台“创业天府云超市”针对创业企业（团队）提供补贴（科创券）、贷款（科创贷和创业贷）、风投（科创投）和投保（科技保险）等在线申请和各种融资投后管理服务。

2.4 问题分析

2.4.1 政府方面

（1）政府科技创新机制不完善

一是我国科技创新相关部门之间协同性差，致使科技创新效率不高，创新资源难以有效配置。我国科技创新涉及国家发改委、科技部、财政部、工信部、教育部、人社部、中央编办、国务院国资委、知识产权局、金融等多条线多部门，科技创新可谓“九龙治水”，分工不明，职责交叉，有的行业领域政出多门。

二是相关法律法规建设滞后，政府督导、激励与评价机制不健全、不配套，与科技创新发展的要求很不适应。当前我国缺乏关于资源共享与资源管理和维护的通用性法规章程，这无疑是平台建设的一个重大阻碍。

三是金融服务科技创新的机制构建不成熟，金融服务严重滞后。科技型中小企业融资难的问题普遍存在且仍未有效解决，企业存在研发风险，一旦研发失败将带来极大损失，企业研发资金的贷、投、借等，存在的风险得不到最低标准的保障，没有资金支持的重大科研项目更无法推进。

四是各级政府缺乏统筹造成重复建设。现在国家级、省级和市级均有建设平台，甚至县（区）和园区也在打造自己的平台，平台“小而散”。

（2）科技创新服务人才队伍建设策略不健全

《2018 年中国专利调查数据报告》显示，高校和科研单位认为，缺乏科技成果转化的专业队伍是专利转移转化的最大障碍。目前我国科技创新服务人才培养策略尚不健全，没有形成一批技术经纪人、专利代理人、法律顾问、项目经理等专业化队伍，极具活力的科技成果转化的专业化人才队伍是打通科技创新价值链“最后一公里”的有效保障。

2.4.2 平台方面

（1）平台科技资源整合共享效率不高

平台科技资源整合共享效率不高，主要体现两点：

一是科技资源更新缺乏完善的评估体系支撑。一方面，科技的价值评估比一般商品难，即便是第三方评估机构，也难以科学、高效地确定科技的价值和产业化前景；另一方面，目前我国不同行业科技评估方法、指标、程序不统一。由于缺乏完善的评估体系，导致无法对科技资源库进行及时的更新。

二是完成科技交易的各环节沟通成本高。科技交易往往具有信息不对称性和不完全性特征，在一定程度上决定了科技交易的高成本，信息不对称性主要表现在科技供给方基于科技的保密性，难以向需求方提供科技的详尽信息，而科技成果需求方在未能充分掌握科技成果信息的情况下，对达成交易存在较大顾虑；不完全性主要表现在科技二次开发、产业化和市场化结果难以预测等，这导致科技交易双方在合同中难以完全确定责任、义务，达成合同的成本较高。

（2）平台增值服务内容单一

目前我国政府主导型科技创新服务平台服务内容以技术搜索、专家对接、技术案例展示、需求发布、技术相关信息发布等基础性技术服务为主，平台增值服务内容较为单一且不成规模。政府主导型科技创新服务平台建设不能一直依靠政府资金支持，随着平台发展，应该开发增值服务，进行市场化运行。

第3章

国内市场自发型科技创新服务平台

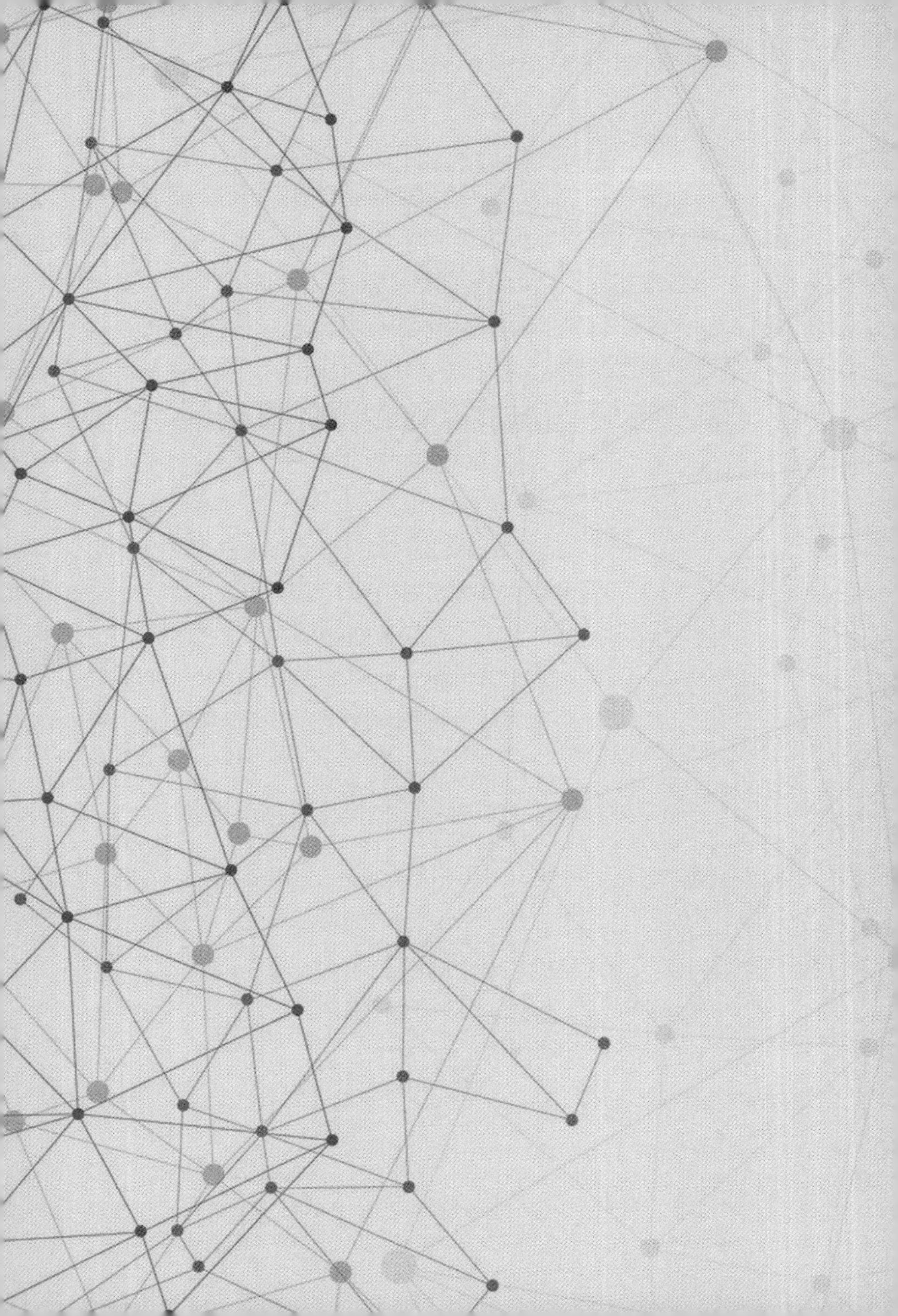

3.1　案例分析 *

3.1.1　国家科技成果网

国家科技成果网（简称国科网，https://www.tech110.net）是由国家科学技术部创建，科技部火炬高技术产业开发中心管理，以科技成果发布、展示、交流为主的国家级科技成果信息服务平台。国家科技成果网由两个子平台组成：一是面向全国科技成果登记机构的科技成果管理工作平台，二是面向公众用户的科技成果信息查询、发布与交流平台（图 3-1）。

* 本章节内容大多来自对应案例的官方网站。

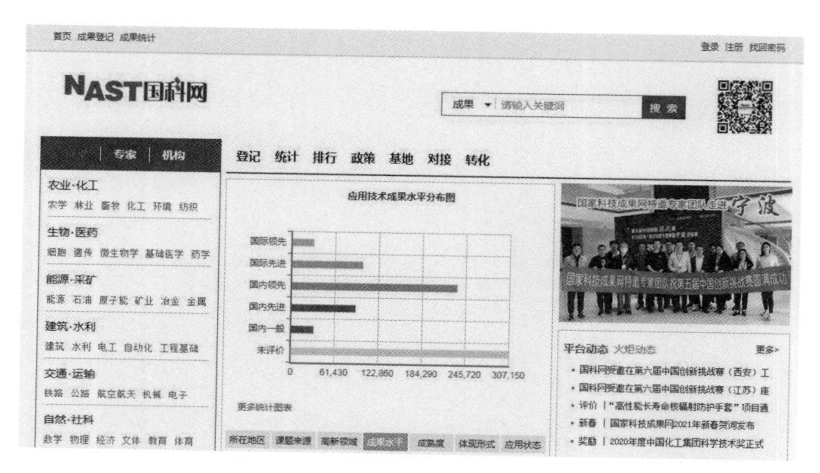

图 3-1 国家科技成果网首页

国家科技成果网是科技部创建的权威性科技成果发布平台，其国家科技成果数据库收录了全国各地区、各行业经省、区、市、部委认定的科技成果，为数万名用户提供较新、较全面的科技成果信息。平台科技成果领域覆盖农林渔牧、化学化工、环境科学、轻纺科学、生物科学、医药卫生、能源动力、石油天然气、原子能、矿业工程、冶金工程、金属工艺、建筑科学、水利工程、电工技术、自动化、工程基础、综合运输、铁路运输、公路运输、水路运输、航空航天、机械仪表、电子通信、数理化学、天文地球、经济金融、文体科教等 28 个行业领域。

（1）科技成果管理工作平台

国家科技成果网提供在线登记系统和登记系统软件两种方式进行成果登记（图 3-2）。全国各地方、各部门完成登记的成果会进入国家科技成果库，成果名称、完成单位、完成人、批准登记单位、登记日期、登记号、成果登记年份等信息将对公众用户显示。目前成果库收录1993—2018年全国各地方、部门登记成果68万项。2005—2014年国家科技成果网登记成果分布情况如图3-3所示。

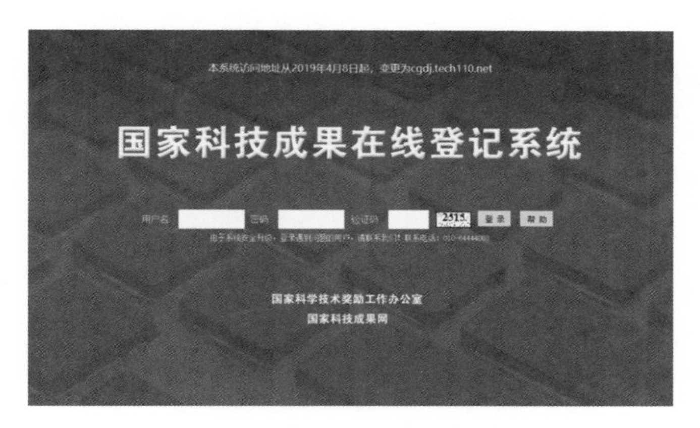

图3-2　国家科技成果网提供在线登记系统

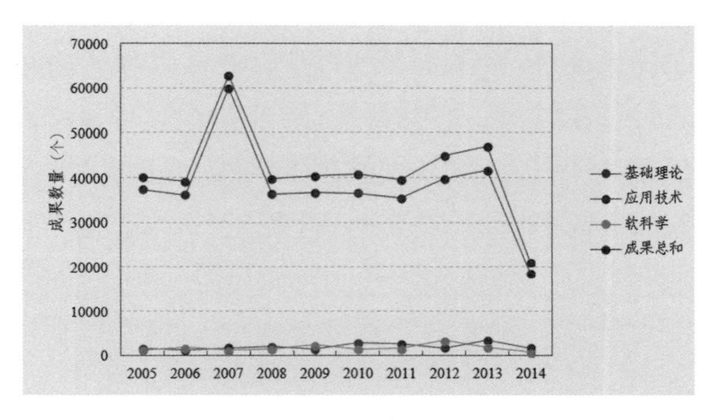

图3-3　2005—2014年国家科技成果网登记成果分布情况

（2）科技成果信息查询、发布与交流平台

① 信息查询。公众用户可根据成果名称、完成单位、完成人、登记号、登记年份等关键词进行成果项目查询，寻找所需的技术项目；依托国家科技成果登记工作体系，公众用户可进行专家搜索，寻找技术专家。

② 科技成果情报服务。整合期刊、论文、标准和专利等文献资源，通过知识化的组织，每一项科技成果与相关的技术、文献、专利和标准进行匹配关联，为客户提供科技成果情报化信息服务。

③ 统计分析报告。为客户提供各种科技成果研发统计分析报告，包括科技成果年度统计分析报告和科技成果研发热点分析报告等，以确保客户能够及时掌握所关注产业领域的研发状态和发展趋势。

④ 成果对接。根据客户提出的需求，整合企业、专家、科研机构多方面资源，为客户提供专项对接服务，组织国家科技重大成果、国家科技奖励成果对接活动，包括定位用户特定的需求，在三个资源库（科技成果库、科研人员库、科研机构库）中进行项目、人员、机构的精确匹配，组织线上、线下的技术对接服务（图 3-4、图 3-5）。

图 3-4 国家科技成果网成果对接服务流程

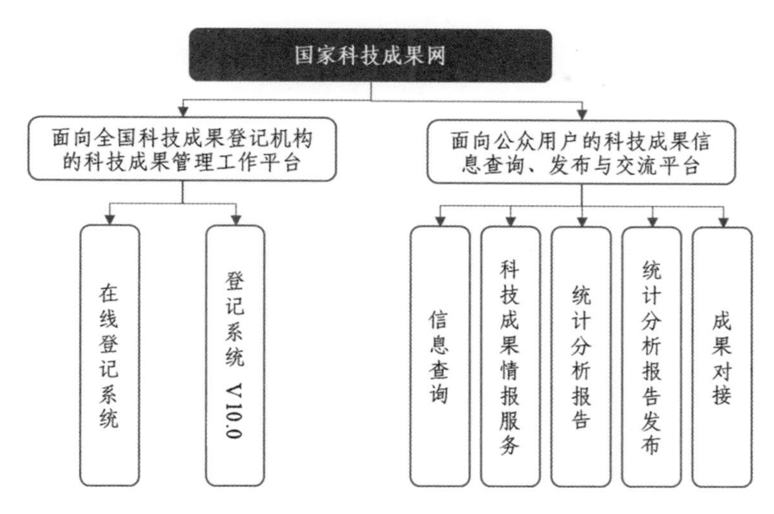

图 3-5　国家科技成果网平台服务框架

3.1.2　中国科学院北京国家技术转移中心

中国科学院北京国家技术转移中心成立于 2003 年 3 月 28 日，是经原国家经贸委、教育部和中国科学院批准成立，由中国科学院与北京市人民政府共建的专门从事技术转移、科技成果转化的高科技服务机构，是科技部认定的首批国家技术转移示范机构，也是中国科学院开展科技成果转化、技术转移工作的重要平台（图 3-6）。

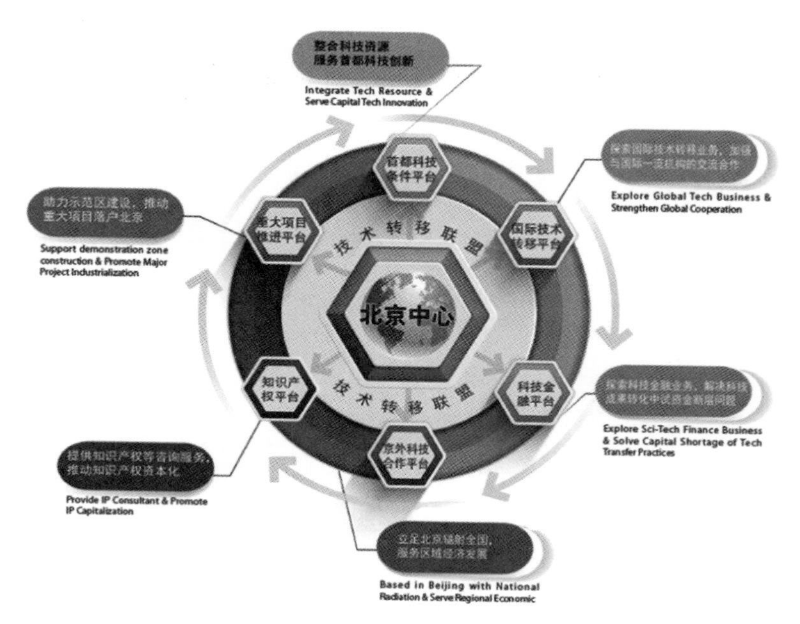

图 3-6　中国科学院北京国家技术转移中心定位及目标

中国科学院北京国家技术转移中心整合中国科学院内外科技资源，并与地方政府、科研院所和企业合作，形成了以重大项目推进平台、首都科技条件平台、科技金融平台、国际技术转移平台、京外科技合作平台、知识产权平台及技术转移产业联盟为主体的“6+1”技术转移工作体系。在此基础上，近年来，中国科学院北京国家技术转移中心加大市场探索，逐步形成了以“科技智库、科技金融、科技培训、科技孵化”四轮驱动的市场化业务架构[11]。中国科学院北京国家技术转移中心依托产业化项目数据库、专家数据库和仪器设备等科技资源，开展以下六个方面的科技服务（图 3-7）：

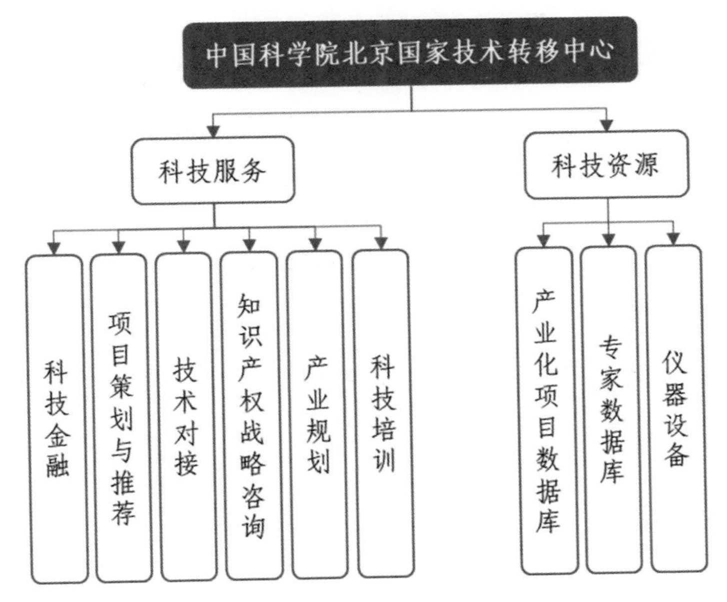

图 3-7　中国科学院北京国家技术转移中心科技服务和科技资源

（1）科技金融（投融资）：科技金融平台

建立中科院科技成果转化基金和北京技术转移（中科院）前孵化投资基金，引导社会创业风险资金加大对种子期、起步期科研项目的投入力度。中科院科技成果转化基金合作方为中关村管委会和社会投资机构，基金规模 5 000 万元，对象为早期产业化项目。北京技术转移（中科院）前孵化投资基金合作方为北京市科委和社会投资机构，基金规模 1.5 亿元，聚焦于已完成实验室小试研究、具备进行工业试产或工业示范的科技类项目。

（2）项目策划与推荐：重大项目平台

围绕北京市产业需求，紧密结合市场需求，以中关村产业发展方向为导向，为北京市企业和已落户重大项目提供深入技术分析、市场需求调研、知识产权战略规划、项目运营评估策划等专业咨询服务。同时，重大项目平台围绕北京市重点发展产业领域和中科院科研布局规划，建立由北京中心、政府资金与社会资金相结合的科技成果培育企业实体，聚焦能够带动北京市战略新兴产业发展的、具有前瞻性的重大突破性技术成果，由政府资金引导、社会投融资机构资金介入，形成科技成果转化、孵化平台，推动中科院具有自主知识产权的成果在京实施、转化，为北京科技产业发展提供有力支撑。在市场需求和政府需求调研的基础上，对研究所的项目按照成熟度进行分类整理，撰写项目的商业计划书，并向北京市政府及各个委办局推荐、向园区企业推荐、向金融机构推荐、向社会投资人推荐。

（3）技术对接：科技合作平台、国际技术转移平台、技术转移产业联盟

第一，在科技合作方面，建立项目信息沟通渠道和合作机制，加强研究所与企业的交流和合作，定期组织形式多样的技术对接活动，包括技术对接会、中科院重大成果发布及推介会、通过中关村开放实验室进行技术对接和研

究所开放活动日。第二，在国际技术转移方面，吸引国际转移机构入驻，引进国际先进技术及优秀人才，建设中科院科技成果展示区，进行项目路演及对接，考察国外项目，推动建设海外孵化器。目前中心已收到微乳液清洁剂、直接甲醇燃料电池、GAINA环保涂料等来自国内外的科研项目近100项；协办多场国际技术转移会议，如组织德国光电协会沙龙等；组织研究所参加科技部的援蒙活动，促成5个研究所3项合作意向。第三，建立技术转移产业联盟，加强科学院兄弟分院的沟通交流，促进研究所与产业、行业协会间的合作互动，建立信息共享、资源聚集的技术转移合作机制，为联盟成员单位提供科技智库支持，构建虚拟实验室，提供设备云、资质云、中试服务及创新创业服务支撑。

（4）知识产权战略咨询：知识产权平台

知识产权管理运营平台定期征集和公布中科院可转让、许可专利信息，针对地方、行业和企业提供知识产权战略规划和专利战略服务。针对地方知识产权战略规划和专利战略，主要为地方制定内外政策服务，这个层次的专利战略是国家利用政策、法规在专利制度的规则允许下去引导产业界率先占领国内外市场；行业级知识产权战略规划和专利战略，围绕着本行业的整体发展规划或行业的主导产品发展规划提供服务；企业级知识产权战略规划和专利战略，围绕企业的新产品开发、新技术研究应如何面对市场提服务。

（5）产业规划

不断探索科技转化的市场化创新服务模式，为企业的转型升级、核心竞争力提升及创新发展能力提高等提供先进科技导入咨询服务。

（6）科技培训

针对企业管理人员和科研人员开展系统系统性培训，掌握国内外最新的科技动态和先进的科技创新模式，提高企业及高新技术园区的科技管理水平，推进企业技术升级、改造，促进科技型企业转型。

3.1.3 技 E 网

技 E 网（http://www.ctex.cn）由中国技术交易所依托国家科技支撑计划项目——“国家技术交易全程服务公共支撑平台”建成，是典型的专利运营服务平台。专利运营是以追求商业营利为目的，即通过将专利转化为现实货币而实现其经济价值，故其具备商业性特征[12]。技 E 网官方网站 2013 年进入试运营阶段，2014 年 12 月正式上线，已陆续推出信息披露、网络竞价、路演展会、挂牌交易、推介撮合、成交信息公示等功能模块。技 E 网旨在为科技成果转化提供全流程服务和政产学研金一站式服务（图 3-8）。

技 E 网在应用和技术方面有多个创新点，最为突出的是服务模式和商业模式创新。在服务模式创新方面，采取集成加创新的方式，在汇聚各类技术交易供需资源、中介服务资源、科技金融产品的基础上，推出网络竞价、在线路演、在线展会和定制服务等创新服务品种。在商业模式创新方面，技 E 网采用分佣制，对于成交的技术交易项目，统一收取交易佣金，并由交易所与参与项目交易的相关中介服务机构、同业机构按照一定比例分配佣金，一方面降低交易双方的交易成本，另一方面提高各机构参与技术交易服务的积极性。

图 3-8　技 E 网首页

截至 2017 年底，技 E 网已建成 67 个地方频道、17 个专业频道和 3 个国际频道，累计拥有注册用户超过 100 000 名，优质项目积累超过 320 000 项，并向各地客户推荐超过 100 000 个项目，累计为各类用户提供专家、人才、仪器、投融资等创新服务资源超过 50 000 次，通过网络竞价的方式，累计服务各类企业超过 50 000 次，通过在线路演、网络展会、竞价交易等信息化的手段辅助各类客户线下活动超过 100 场，对接韩国、俄罗斯、新加坡、德国等 10 个国家及国内外 170 余家高校和研发机构，已成为中国领先的技术交易网络平台。

技 E 网拥有 8 个服务板块，包括国有成果交易、国际馆、科技金融、北知中心、资讯大厅、服务大厅、地方频道和技术经纪人。

（1）国有成果交易

技 E 网针对国有成果交易，建立挂牌交易和交易公示系统（图 3–9）。

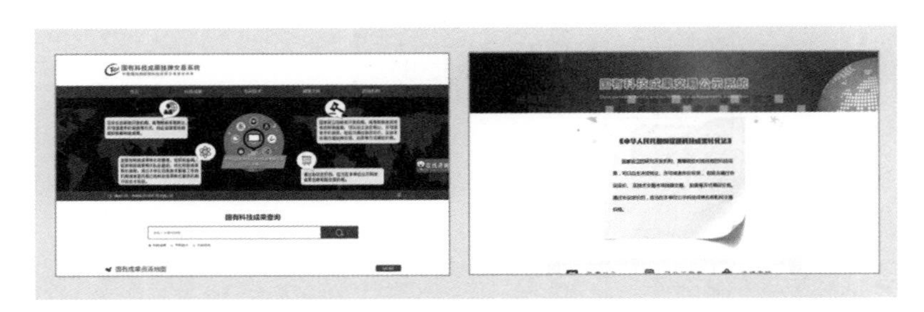

图 3–9　技 E 网国有科技成果挂牌交易系统和交易公示系统

（2）国际馆

该模块为国内技术走出国门和国外技术引进在需求挖掘、评估评价、供需对接、资源匹配、技术交易、创新孵化、项目落地等方面提供全链条服务，目前国际馆覆盖包括美国、俄罗斯、新加坡、韩国、英国在内的 10 多个国家。如，2012 年 10 月 25 日，北京产权交易所、中国技术交易所和 FACTOR 俄中综合交易平台联合举办“俄罗斯及保加利亚项目推介会 2012”，2015 年 6 月以色列 Trendlines 孵化器集团与中国技术交易所签署合作意向书（LOI），正式落户中国技术交易所国际区域合作集聚区。

（3）科技金融

技 E 网提供项目融资、知识产权融资、知识产权金融服务和成长债四项平台服务内容。

① 项目融资。

用户在网站发布融资项目具体详情，包括企业信息、拟融资额、融资方式、资金使用年限等。对有意向的融资项目可通过网站进行咨询对接。

② 知识产权融资。

技 E 网与北京首融在线金融信息服务有限公司合作推出科创 E 贷、科展 E 贷知识产权质押互联网金融产品，为科技型中小微企业提供信用化融资解决方案。技 E 网在企业申请科创 E 贷、科展 E 贷流程中负责征集、收集企业材料并提交给首融，以及为企业提供知识产权评价及技术咨询服务。

③ 知识产权金融服务。

技 E 网还搭建“五位一体”知识产权金融服务体系，包括评估、担保、贷款、股权投资和交易（图 3-10）。

图 3-10 技 E 网“五位一体”知识产权金融服务体系

④ 成长债。与中国银行、北京银行、中国工商银行等 10 家银行合作推出成长债，帮助企业以“知识产权 + 股权质押”向银行申请大额贷款，扶持企业快速成长（图 3-11）。收取企业担保费和融资服务费合计 3.5%，知识产权评估费 0.1%。

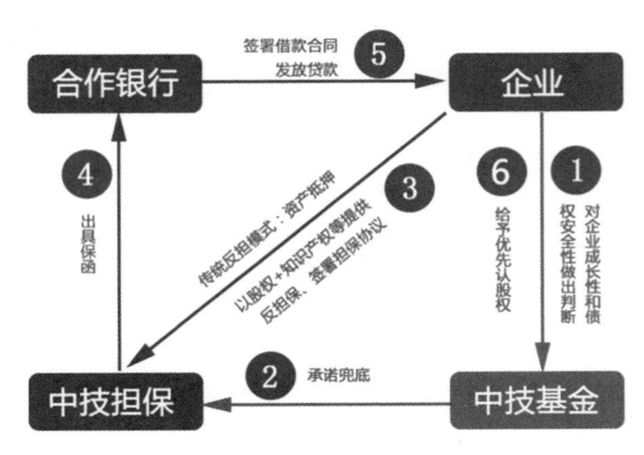

图 3-11 技 E 网成长债服务流程

（4）北知中心

北京知识产权交易中心简称北知中心，对接科研机构、技术专家、科研设备，提供解决方案，为企业解决服务类技术难题，实现技术产品升级，技术和产品检验检测，提供支持服务。

（5）资讯大厅

发布相关政策咨询，建立科技成果转化资讯交流新媒体“圈子”，企业、专家、科研机构可在“圈子”进行交流（图3-12）。

图3-12　技E网“圈子”首页

（6）服务大厅

为企业提供技术交易服务、项目孵化服务、研究咨询服务和论坛/会展/招商服务。技术交易服务包括科技成果挂牌交易、科技成果竞价交易、科研资源对接、国有科技成果公示、科技成果评价估值、交易结算、技术合同登记;项目孵化服务包括科技项目融资、科技项目转化方案设计和实施、科技项目管理信息平台建设和项目管理、孵化运营;研究咨询服务包括创新创业领域专题培训、科技政策研究、科技政策咨询、知识产权咨询、战略性新兴产业研究;论坛/会展/招商服务包括论坛和科技会展服务、路演和招商推荐服务。

(7)地方频道

一方面,为各省区市科技园区、科技局、高校、研究院所、科研机构等提供科技成果转化平台定制服务。定制科技成果转化平台功能涵盖数据库共享、竞价交易、在线路演、网络展会、专利价值分析、科技金融、支撑服务、众创空间、国际技术转移、在线洽谈、会员管理、项目管理等基础功能及用户专属版块。另一方面,为用户提供从线上到线下、从软件到硬件的专业化一条龙建设及运营服务。

(8)技术经纪人

为技术经纪人和技术转移机构提供推广及评级系统。技术经纪人和技术转移机构提出申请并提交材料,经审核后获得相关服务资格,开展相关业务并可获得佣金。

3.1.4 迈科技

迈科技(https://www.maikeji.cn)创建于 2015 年,致

力于引入外部资源助力制造型企业技术创新，快速、精准地为企业匹配合适的技术研发团队及技术解决方案，组织协调企业开展技术及产品研发升级。迈科技自创办以来，其专注于挖掘能源环保、材料科学、化学化工、生农医药、机械电子等五大领域的创新性科研成果及研发团队。在不断的探索中，迈科技逐渐形成了技术创新、技术转移、成果转化的市场化运作模式，目前已经积累并协调了很多全球技术研发资源。除了提供深度的技术对接服务，迈科技还整合了专业的科技服务团队，提供包括知识产权、高新企业认定、校企研究院等科技服务，为企业全方位规划科技创新体系并提供一站式服务，最终帮助企业实现向技术密集型企业的转型和迈进。

迈科技为企业提供的服务归纳为以下四个方面：

（1）提升技术实力

基于平台专家资源、项目经验和企业资源，为企业提供战略规划、项目推荐、调研评估、资源集成、工艺升级和新品开发服务，结合社群交流、行业展会、会议论坛、圆桌沙龙和会员活动等线下活动，开展技术交流（图3–13）。

① 战略规划。

从行业趋势、竞对情况、技术项目、项目申报补贴等方面分析企业现状，为企业梳理技术创新的思路，制定技术创新实施方案。

图 3-13 迈科技行业活动详情

② 项目推荐。

拓宽企业对优质项目的获取渠道，及时把握优质项目商机。

③ 调研评估。

为企业在引进新技术、投资新项目提供前期技术、团队等全方位关联信息调研评估，并在新项目实施过程中提供技术监理等服务。

④ 资源集成。

为企业引入技术开发密切相关的技术资源要素，例如技术专家、实验场地等，为企业低成本高效快速的技术开发提供资源匹配服务。

⑤ 工艺升级。

为企业制订产品升级方案，帮助企业解决产品升级中遇到的技术难题；帮助企业将引进的技术进行消化、吸收、二次创新。

⑥ 新品开发。

为企业委托开发的项目（产品）制订研发实施计划，帮助企业用高新技术和先进适用技术改造传统产业。

（2）树立品牌形象

为企业提供产学研合作、专利转让、专利申请、软著申请服务，提升并树立企业品牌形象。

① 产业研合。

提供与高校一级行政单位产学研合作渠道；建立企业技术背书。

② 专利转让。

利用专利大数据搜索引擎，帮助企业最快找到合适的专利，提供全套转让服务。

③ 专利申请。

提供全套专利申请服务，帮助企业进行资料整理、递交、审查辅导全流程专利申请服务。

④ 软著申请。

提供全套软著申请专业服务，帮助企业进行资料整理、递交、审查辅导全流程软著申请服务。

（3）政策咨询服务

围绕高新企业认定、技术中心认定、创新基金辅导和技改项目申报四个方面，提供政策解读、准备指导、材料编制和辅助申报服务。

（4）技术对接

平台基于线上网站，建立技术对接数据库，网站用户可在网站检索对接技术（图 3-14）。目前平台对接技术包括能源电力、环境工程、化学化工、材料科技、生农医药和机械电子六大领域，技术成熟度涉及小试、中试和生试。

图 3-14 迈科技技术对接数据库页面

平台收益来源于平台会员年费和服务收费两个方面，其中年费会员可享受“体检”“管家”“赋能”和“优惠”四项会员权益。

“体检”——摸排企业现状，协助企业明晰创新路径；

“管家”——全年项目推荐，解答相关服务实操问题；

“赋能”——颁发荣誉牌匾，共享平台技术专家资源；

“优惠”——享受优惠折扣，全方位支持定制化服务。

3.1.5 得道科技

北京得道科技服务有限公司（www.dedaokj.com）依托科技大数据人工智能分析平台及 2 000 多位顶级领域科学家为地方政府、企业提供科技创新咨询、政策咨询、投融资咨询、人才培训、专利、商标、著作权申请、科技成果评价、成果交易等专业咨询指导服务。公司利用长期积累的政商产学研资源，帮助地方企业在获得融资、技术对接、人才引进、获取国家扶持资金、项目申报、国际资源整合等方面获得各种“绿色通道”和“一站式服务”。

得道科技主要服务内容涵盖技术、智库、资金、资讯、活动和申报六大领域（图 3-15）。

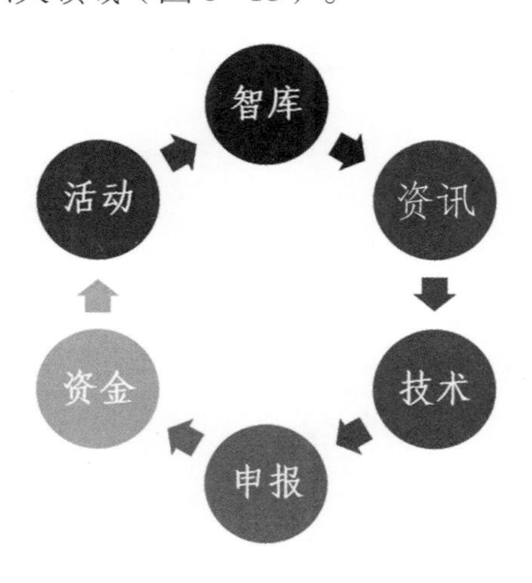

图 3-15　得道科技六大服务内容

（1）技术领域

得道科技通过汇聚前沿科技，助力客户进行产业升级。平台提供一站式的技术咨询服务，帮助客户快捷准确获取所需要的技术支持（图 3-16）。

图 3-16 得道科技部分技术项目展示

（2）智库领域

智库专家资源包括众多海内外院士和各领域顶级专家，可以提供包括信息技术、高端装备、新材料、新能源在内的多项领域智库资源服务（图 3-17）。

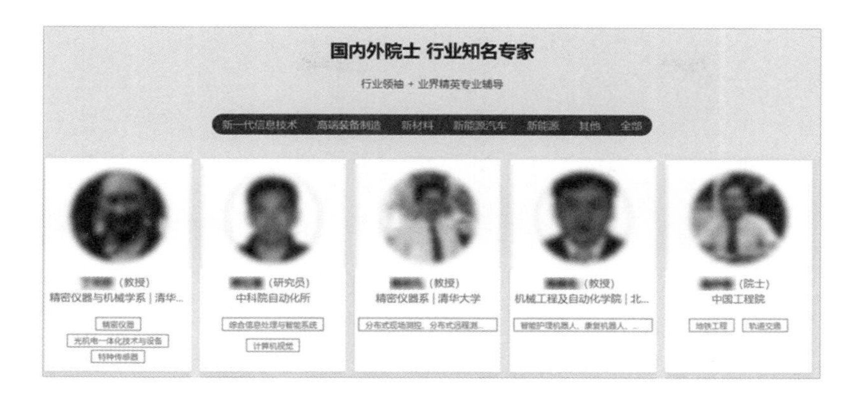

图 3-17　得道科技部分智库专家展示

（3）资金领域

主要帮助客户牵线从种子轮到最后上市的各项投资资源。

（4）资讯领域

聚焦行业热点，分享成功案例，帮助客户在第一时间获取最新最权威的资讯内容。

（5）活动领域

通过举办产业高峰论坛和科技交流会议，帮助客户融入核心圈，与业内精英共同交流，及时把握前沿技术。

（6）申报领域

帮助企业进行项目申报辅导、科技成果评价、科技成果转化和高新企业认定。

3.1.6 北京金智创新科技

北京金智创新科技（简称金智创新）是一家专注于解决企业技术需求、提供企业投融资服务、推动科技成果转化的创新综合服务平台。公司拥有资深的行业专家团队和专业的行业研究队伍，为近百家企业提供过专业咨询服务。公司目前已经形成了以北京为平台总部，以上海、广东、江苏、山东、河北、湖南等分公司为市场服务终端的科技金融综合服务架构。公司服务于企业、园区、高校及科研院所，服务领域涉及新材料、电子信息、高端装备制造、节能环保、生物医药等战略性新兴产业。

（1）企业服务

①技术咨询。

利用专业的视角、专业的团队、敏锐的嗅觉帮助企业对技术现状、技术研发相关风险进行分析并提出解决方案等；准确清晰提出技术需求情况，制定技术解决方案，寻找匹配技术团队，撮合双方技术交易，跟踪技术实施情况。

②融投资服务。

针对企业的各类专利和技术进行市场价值分析评估，协助企业开展技术融资和对接服务。

③企业战略规划。

根据企业规划发展需求，制定企业发展战略，依托市场收集的数据和综合情况，从专业角度对方案情况进行分析，提出问题并调整具体内容，帮助企业确定战略方向。

④行业咨询。

为企业提供可行性分析、行业数据分析、行业信息挖掘、市场调研、产业政策分析等多种咨询服务。

（2）政府服务

①产业园区规划。

科学构划园区全局性的发展蓝图；明确发展方向，有效提出园区整体形象；加快推进园区产业结构优化升级；深度优化园区产业空间布局；整合多重优势，挖掘园区发展新潜力。

②产业研究。

在新材料、电子信息、高端装备、节能环保、生物医药等领域帮助政府开展产业研究，制定产业定位发展规划和产业投资决策。

③信息推送。

为园区企业定向推送产业新闻、产业动态、投融资信息、国家发展政策、期刊共建等服务。

（3）成果转化服务

①科技成果转化。

通过相关资源向企业推广科技成果，安排企业与科研团队对接，辅助谈判议价过程，企业资信背景调查，直至科技成果转化合同的签署。

②科技成果评价。

基于市场现状，利用技术投资价值评估方法，评估科技成果价值。

③高价值专利布局。

明确客户需求，确定关键技术点，通过专利的检索分析，制定相适应专利布局策略。

金智创新服务项目如图 3-18 所示。

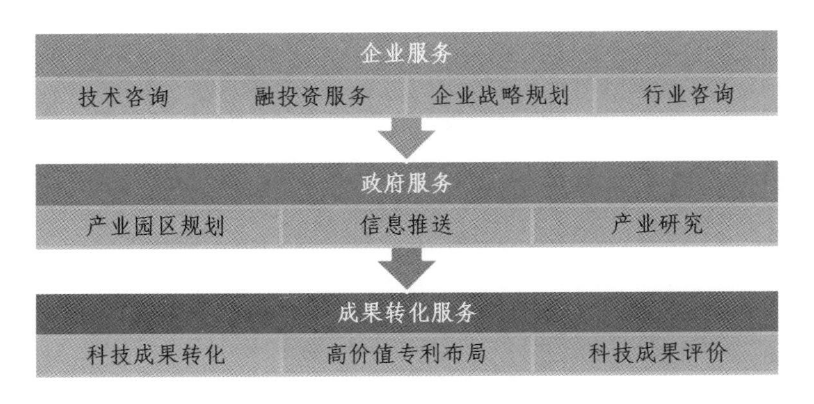

图 3-18 金智创新服务项目

3.1.7 助牛网

助牛网于 2018 年上线，是一个一站式创新创业服务平台，平台汇聚国内知名高校科研院所，知识产权、财税、法律服务机构及产业园区运营服务商，服务企业创新创业全过程，实现项目智能化管理，帮助企业与服务商快速对接，在降低企业选择成本的同时，也为服务商广拓流量，提升品牌知名度。助牛网目前已在沈阳、郑州、杭州等多地设立子公司和办事处，其服务领域涵盖知识产权服务、科技创新服务、创业服务、产业园区运营等4大类共计23项核心业务。

（1）知识产权服务

提供专利申请、专利交易、商标注册、版权登记、知识产权贯标和商标查询服务。

（2）科技创新服务

提供高新企业认定、资质认定、政策咨询、资金扶持、技术转移和科技金融服务。

（3）创业服务

提供工商注册、代理记账、网站建设、商业推广、税收筹划、法律咨询等创业服务。

（4）产业园区运营

提供园区规划、企业招商、政策规划和科技孵化服务。

3.1.8　中航联创平台——中航爱创客

中航联创科技有限公司成立于2014年，是中国航空工业集团有限公司为响应和落实国家创新驱动、军民融合发展战略，“大众创业、万众创新”，“互联网+”行动计划等一系列顶层战略部署，面向全社会打造的科技创新服务平台，是航空工业国家双创示范基地和军民融合国家专业化众创空间的主要建设载体[13]。

中航联创平台的定位，是以中航工业已有的技术、设计、制造和产业链配套优势资源为出发点，利用网络的信息共享、互联互通优势，激活内部潜力、协同外部资源，跨界扩展到全领域、全行业，打造线上线下相结合、“互联网+开放创新+研发协同+智能制造”的开放创新和联合创业平台。

中航联创总部设于北京，在上海、深圳、成都、中山、苏州等10余个城市设有分公司，拥有中航爱创客线上平台(www.avicui.com)，10万余平方米产业孵化空间，以及专注早期创新创业项目的投资基金。依托航空工业先进设计、研发、技术、制造、供应链等产业资源优势，面向智能制造、无人机、高端装备、电子信息、物联网、机器人、虚拟现实、人工智能、医疗健康、新材料等军民融合新兴产业领域，通过线上线下相结合的方式，为初创团队及中小型科技企业提供技术、人才、资金、供应链、市场需求、政府政策等全产业链资源要素及全方位孵化服务，赋能创新创业项目/中小型企业高质量高速发展（图3-19）。

图3-19　中航联创平台——中航爱创客首页

（1）项目赋能加速

提供包括投融资服务、孵化服务、资源对接、产业空间在内的多项项目赋能加速服务，为项目提供从资金对接、厂房空间、项目咨询、研发支持、市场供销等一系列支持服务。

（2）地方产业升级

为地方政府提供产业咨询规划，依据地方产业环境及发展优势，打造特色新兴产业园区，提供产业招商运营、产业培育等综合性产业服务，提升区域企业竞争力与活力，为地方经济蓬勃发展助力。

（3）平台生态服务

搭建中航爱创客双创服务平台，提供产业智能服务应用，为地方政府、高校和行业机构提供智能解决方案。

（4）大赛展会活动

承办品质大赛、峰会活动，激发并提升科创新活力。

中航爱创客平台业务展示如图 3-20 所示。

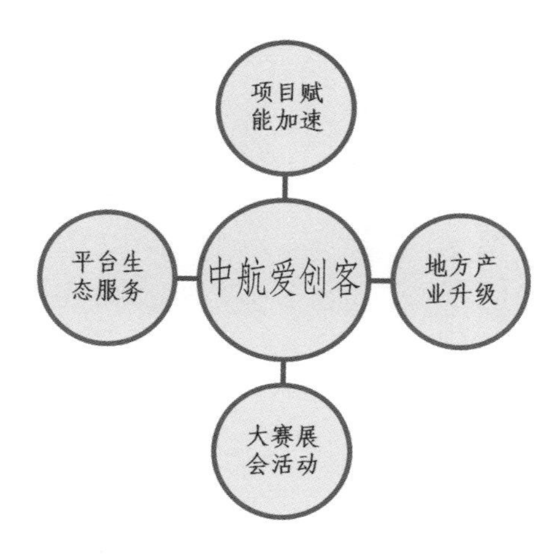

图 3-20　中航爱创客平台业务展示

3.1.9　宇墨清洁技术平台——宇墨咨询

宇墨咨询（http://umoregroup.com/）专注清洁技术产业，以欧美先进技术及项目经验为源头联动全球环保企业，致力为客户提供专业的战略研究、海外技术检索、融资顾问服务、海外考察和品牌建设与市场营销服务（图 3-21）。

图 3-21　宇墨咨询首页

（1）战略研究

帮助企业了解目标市场动态及开展进入策略分析，形成客户的市场战略及资源网络建设。具体包括：近 10 年及未来 5 年行业容量，增长趋势预测；近 5 年细分领域投融资及并购分析；行业政策梳理，管理体系分析，关键政策分析；行业主要竞争者数据库；潜在客户挖掘，需求分析，客户调研报告；技术趋势、企业专利数量分析；区域市场分析，优先进入市场区域筛选；行业机会列表。

（2）海外技术检索

为有意开展国际合作的企业寻找海外优质技术标的及

资产（图 3–23）。

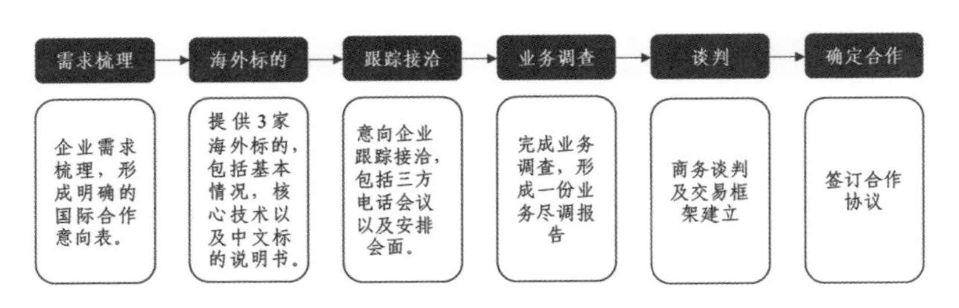

图 3–23　海外技术检索流程

（3）融资顾问服务

基于企业的股权交易需求，为其制定合理并可行的交易计划，引入投资机构及资金。

（4）海外考察

帮助有意建立海外资源网络及市场推广的企业制定海外考察计划。

（5）品牌建设与市场营销

帮助有意加强国内外品牌推广的企业开展企业品牌建设、市场活动策划和用户体验诊断及产品设计。

3.1.10　谷腾环保网

谷腾环保网（www.goootech.com）以线上平台为核心，在为环保产业企业提供品牌推广、数据库营销、市场研究、商业信息等服务的同时，为市政及工业领域用户提供环保工程需求，包括环保工程解决方案、工程案例、应用技术以及装备产品、企业信息等（图 3-24）。

图 3-24　谷腾环保网首页

核心用户群体包括市政设计院、污水处理厂、垃圾处理厂、环境监测站以及石油、化工、制药、食品、电力、钢铁、冶金、造纸、纺织、印染、电镀、皮革、电子等工业企业。目前谷腾环保网拥有水处理、大气控制、噪声振动、固废处理四个子网站。

谷腾环保网采取会员制，为注册用户和访问用户提供个性化线上资讯传播服务。网站访问用户可进行信息检

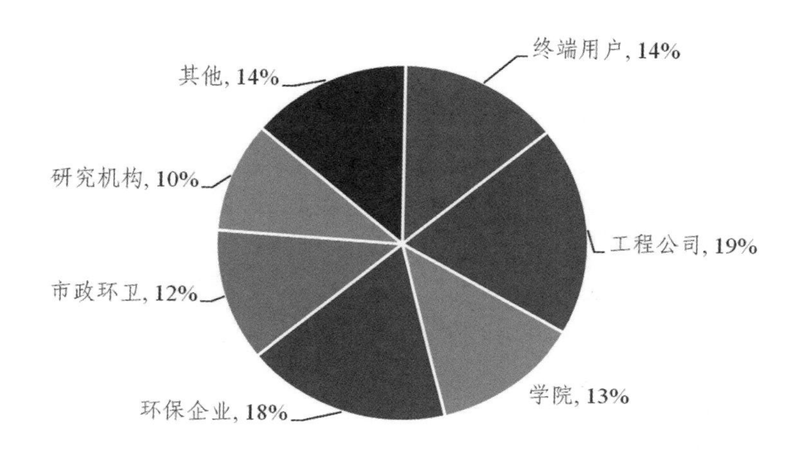

图 3-25 谷腾环保网资讯传播服务框架

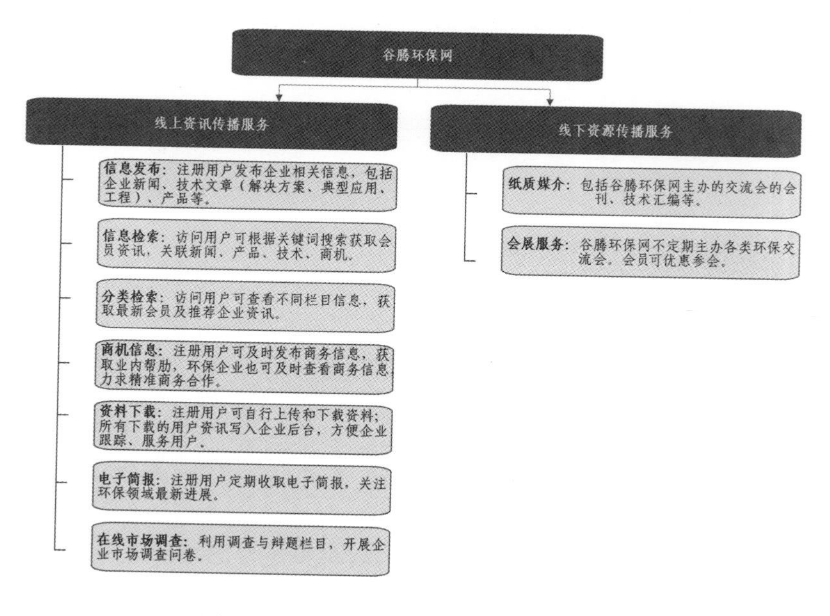

图 3-26 谷腾环保网注册用户结构

索和分类检索；网站注册用户可进行信息发布、商机信息获取、资料下载、收取电子简报和开展在线市场调查（图 3-25）。

同时，谷腾环保网还开展线上资讯传播服务和线下资源传播服务。线上资讯传播服务包括信息发布、信息检索、分类检索、商机信息、资料下载、电子简报和在线市场调查等。线下资源传播服务包括纸质媒介（主办交流会的会刊、技术汇编等）和会展服务（环保交流会）（图 3-26）。

3.1.11　E20 环境平台

E20 环境平台（http://www.e20.com.cn/）起始于 2000 年中国水网的创建，是中国目前极具影响力的环境领域纵深生态平台，是国家级的产业智库，与国家多个部委保持良好合作关系，截至 2019 年 2 月，拥有 330 家圈层会员企业，囊括 80% 的环境上市公司，覆盖环境产业所有子领域以及资本金融领域。平台旗下包括水网、固废网、大气网、清环网、E20 研究院、E20 论坛、E20 环境产业圈层（E20 环境产业俱乐部）、E20 环境商学院等子品牌、子平台和机构。

E20 环境平台以“用平台的力量助力环境企业快速成长，为生态文明打造产业根基，用产业的力量改变世界”

为使命，在生态文明建设和“绿水青山就是金山银山”理念的指导下，发挥行业预判、顶层设计、协同创新三大核心能力，致力于产业市场化和产业转型升级的理论研究和实践推动，协助地方政府积极探索区域生态环境系统解决方案。E20 环境平台经过多年发展，形成了政策、产业、市场、PPP、商道、金融六维一体融会贯通的综合研究实力，成为推动环境政策落地、引领环境产业发展，汇聚环境产业优质资源，为地方政府、环境企业、工业企业和产业园区提供顶层设计、系统方案、资源整合、产业落地和金融服务的综合服务机构。

平台主要涵盖基础业务、工业绿色发展业务和两山创新业务三大领域。

（1）基础业务

E20 环境平台以政策、产业、市场、PPP、商道、金融六维综合研究能力为核心，与多领域品牌、平台和机构开展业务合作（图 3-27）。

图 3-27　E20 环境平台六维综合研究能力

① E20 研究院。

研究院成立于2003年，前身是清华大学水业政策研究中心，着力于供排水价格与管理机制、特许经营政策、环境服务业、PPP等方面研究，并逐渐扩展到环境产业其他领域。承接了国家发改委、财政部、生态环境部、住建部、世界银行、亚洲开发银行、国务院发展研究基金会、澳门自来水股份有限公司等部门、机构和水务企业的多项市政公用事业改革和环保产业发展的政策及产业研究，已成为“值得信赖的环境产业智库”（图3-28）。

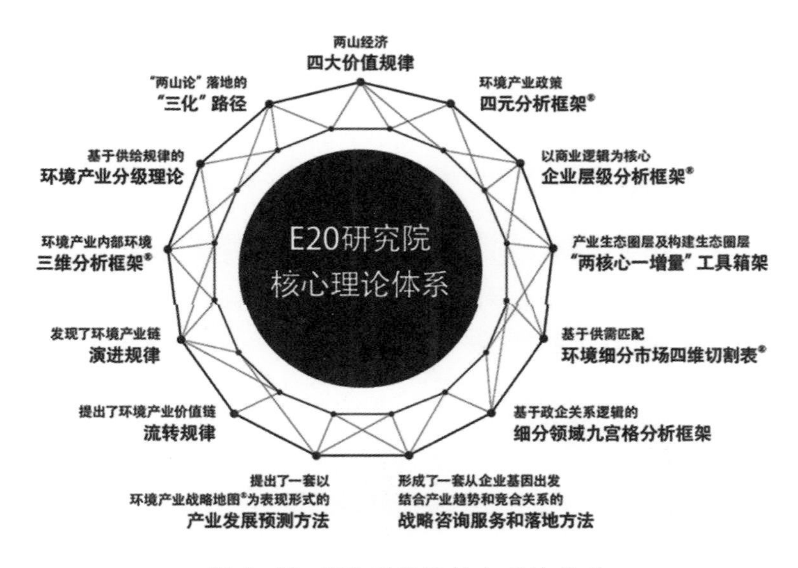

图3-28 E20研究院核心理论体系

② 政策研究。

携手优秀院校、科研机构、咨询机构等专业力量，链接专家智慧，面向国家发改委、财政部、生态环境部、住建部等相关部委、地方政府和国际组织提供政策顾问服务。

③ 产业研究。

基于15年对环境产业研究和数据积累，以《产业战略地图》为依托，结合政策、金融、市场等视角，分析子领域市场机会，发掘商业模式创新，揭示行业竞争格局，预判产业发展趋势，推动环境企业卓越发展。

④ 市场研究。

基于绝对公信力原则，树立行业优秀标杆。为企业发展提供对标定位；为资本市场提供投资参考；为政策制定提供决策依据；推动优秀企业的品牌推广；推动市政以环境服务的整体提升；推动环境产业的健康发展。

⑤ PPP研究。

聚焦环保PPP，促进政企合作，助力环保项目落地。具体包括:解读PPP最新政策法规;研判环保PPP发展趋势;研究环保PPP主要特征；设计环保PPP商业模式；剖析环保PPP典型案例；制定环保PPP实施方案。

⑥ 商道研究。

基于E20特色的企业战略咨询工具方法，深入分析不同类型环境企业的成长方向和需求，结合平台资源，为企业成长助力。

⑦ 金融研究。

针对不同成长阶段、不同细分领域环境企业的融资需求和痛点，探索研究符合环境企业特点的产融创新路径；优化交易结构设计，探索建立引导基金，服务地方政府绿色转型。

（2）工业绿色发展业务

为重污染区域地方政府及其“两高”工业企业的污染治理和绿色化发展提供政策咨询、战略规划、环境大数据管理体系建设运维服务。

① 工业城市绿色转型咨询。

用制度创新、模式创新，找到更科学、精准、长效的方式方法，实现产业环境双重目标。

② 工业企业绿色转型服务。

帮助企业把握行业发展拐点，洞悉大势，构建排序优势战略举措。

③ 城市污染第三方管控。

④ 绿色工厂建设。

打造专业化服务平台，推动国家绿色制造体系和绿色工厂标准化建设。为企业提供咨询、培训、传播、金融、大数据、绿色品牌建设等精细化服务。

（3）两山创新业务

从地方政府绿色发展业务与产业转型的困惑与诉求出发，发挥平台产业智库和资本集群优势，作为专业解码器对接供需双方，以打通两山产业的“三化路径”为指导，从顶层设计、解决方案、产业导入、项目投资（金融支撑）

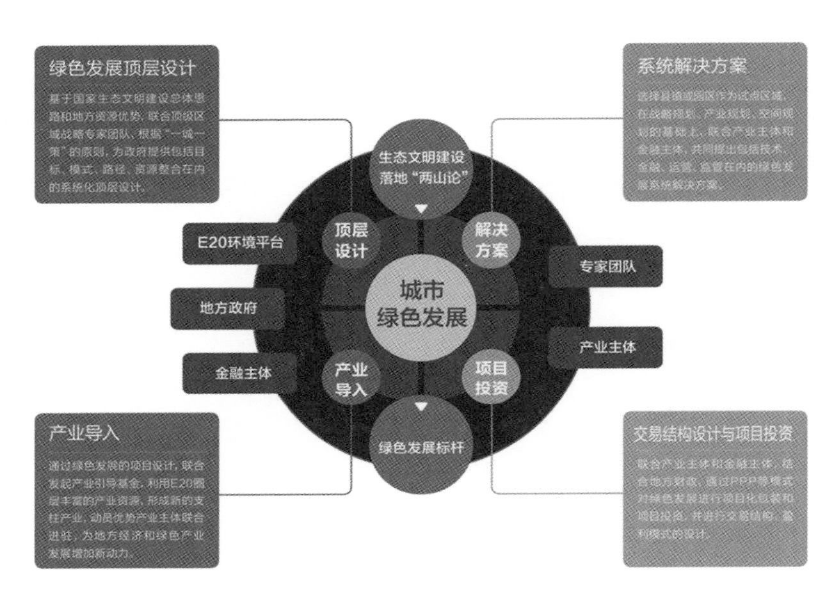

图 3-29　E20 平台两山创新业务

图 3-30　E20 环境平台商业逻辑

等多维度创新模式，联合地方政府、E20 产业圈层成员一起打造可持续、有价值溢出的绿色发展标杆，探索建立区域环境系统解决方案中心（图 3–29）

E20 环境平台以商业逻辑为准则，致力于打造服务各级政府和环境企业的产业智库和资本平台（图 3–30）。

E20 环境平台拥有为环境企业、地方政府、工业企业服务的三大核心能力，具体包括行业预判能力，协同创新能力和顶层设计能力、这些能力是 E20 平台赖以发展的重要核心竞争力。

3.2　市场自发型科技创新服务平台对比与分析

3.2.1　市场自发型科技创新服务平台优缺点

为直观了解以上各平台特点，现将上述市场自发型科技创新服务平台的优缺点进行对比，见表 3–1。

表 3–1　市场自发型科技创新服务平台对比分析

主要平台	优　点	缺　点
国家科技成果网	国家科技成果数据库收录内容全面	服务模式较为单一，可以增加微信公众号、App、线下资讯传播等以提高吸引力

续表

中国科学院北京国家技术转移中心	1. 政产学研用一体化模式； 2. 形成了以“科技智库、科技金融、科技培训、科技孵化”四轮驱动的市场化业务架构 3. 通过政府股权投资基金和创业投资，引导社会创业风险资金加大对种子期、起步期科研项目的投入力度	服务模式较为单一
技E网	1. 为科技成果转化提供全流程服务，为政产学研金一站式服务 2. 开发了创新服务模式和创新商业模式	服务内容有待完善，可进一步形成一站式服务体系
迈科技	整合了专业的科技服务团队，提供包括知识产权、高新企业认定、校企研究院等科技服务，为企业全方位规划科技创新体系并提供一站式服务	创新效率不高，人才队伍建设有待加强，有待形成较为完善的科技金融综合服务架构
得道科技	充分利用政商产学研资源，为服务企业提供一站式服务服务领域广，主要服务内容涵盖“技术”“智库”“资金”“咨询”“活动”和“申报”六大领域	有待形成较为完善的科技金融综合服务架构，平台建设缺乏高素质人才支撑
北京金智创新科技	1. 拥有资深的行业专家团队和专业的行业研究队伍 2. 平台体系分明，形成以总部为中心，各分公司为市场服务终端的科技金融综合服务架构	服务领域有待拓展，“政产学研金介用”协同创新通道有待打通

续表

助牛网	服务企业创新创业全过程，实现项目智能化管理	创新效率不高，人才队伍建设有待加强，有待形成较为完善的科技金融综合服务架构
中航联创平台——中航爱创客	以自身优势资源为出发点，利用网络的信息共享、互联互通优势，协同外部资源，跨界扩展到全领域、全行业打造线上线下相结合、“互联网 + 开放创新 + 研发协同 + 智能制造”的开放创新和联合创业平台	人才队伍建设有待加强
宇墨清洁技术平台——宇墨咨询	平台基于企业的股权交易需求，为其制定合理并可行的交易计划，引入投资机构及资金，是国际化技术推广平台	服务内容和服务模式较为单一
谷腾环保网	除了网站线上功能外，还开展线下资源传播服务，包括纸质媒介（主办交流会的会刊、技术汇编等）和会展服务（环保交流会）	产学研技术体系不够完善，应该促进科技与金融资源相结合
E20环境平台	综合研究实力较强，拥有为环境企业、地方政府、工业企业服务的三大核心能力	平台建设缺乏高素质人才支撑，产学研技术体系不够完善

3.2.2 市场自发型科技创新服务平台分析

从表 3-1 可以看出，市场自发型科技创新服务平台更加侧重市场需求，以市场为导向，多采取产学研相结合模式，能够融合科技与金融服务。但是，各平台资源整合和服务能力参差不齐。

3.3 经验总结

3.3.1 “政产学研金介用”一站式服务

面对普遍存在的科研、经济联系不紧密、长期存在“两张皮”现象。建立以企业为主体、市场为导向、产学研相结合的技术创新体系，促进政产学研用结合，引导资本向创新聚集。打通“政产学研金介用”协同创新通道，畅通科技成果转化路径，破解科研经济“两张皮”现象。技 E 网搭建科技成果转化全流程服务平台，从资讯、研究咨询、知识产权、成果交易、项目孵化、科技金融等各个环节提供一站式服务。中国科学院北京国家技术转移中心整合中国科学院内外科技资源，并与地方政府、科研院所和企业合作，形成了以重大项目推进平台、首都科技条件平台、科技金融平台、国际技术转移平台、京外科技合作平台、知识产权平台及技术转移产业联盟为主体的“6+1”技术转移工作体系。

3.3.2　科技与金融深度融合

积极引导金融资源向科技领域配置，促进科技和金融结合，是加快科技成果转化、培育战略性新兴产业的重要举措。融资难、融资贵是当前制约科技成果转化和科技企业发展的突出难题，目前大多数平台均已开展科技金融服务，为企业和创新团体提供融资服务。技 E 网提供项目融资、知识产权融资、知识产权金融服务等，与北京首融在线金融信息服务有限公司合作推出科创 E 贷、科展 E 贷知识产权质押互联网金融产品，为科技型中小微企业提供信用化融资解决方案。技 E 网还搭建“五位一体”知识产权金融服务体系，包括评估、担保、贷款、股权投资和交易。

3.3.3　科技创新服务平台功能日趋完善

各平台多采用线上线下相结合的模式。线上科技创新服务平台发挥了科研成果发布和展示、需求发布和汇集、供需对接、技术交易等功能，庞大的技术信息库为科研成果供需对接创造了条件。公众用户在国家科技成果网可根据成果名称、完成单位、完成人、登记号、登记年份等关键词进行成果项目查询，寻找所需的技术项目；同时，依托国家科技成果登记工作体系，公众用户可进行专家搜索，寻找技术专家。线下平台提供咨询交易、金融投资等功能。部分平台基于企业的股权交易需求，可为其制定合理并可行的交易计划，引入投资机构及资金；帮助有意建立海外资源网络及市场推广的企业制定海外考察计划。另外，谷腾环保网不仅拥有网站线上功能，还开展线下资源传播服务，包括纸质媒介（主办交流会的会刊、技术汇编等）和会展服务（环保交流会）。

3.3.4 人才队伍建设逐渐提高

创新人才能有效促进知识创新、学科创新、领域创新，继而能够不断开创新的领域结构。各平台已逐渐形成具有相关创新结构的人才队伍，同时鼓励相关人员快速发展并吸引更多的人才共同努力。如迈科技平台整合了专业的科技服务团队，为包括知识产权、高新企业认定、校企研究院等在内的多方面提供科技服务，可以为企业全方位规划科技创新体系并提供一站式服务，最终帮助企业实现向技术密集型企业转型；北京金智创新科技拥有资深的行业专家团队和专业的行业研究队伍，可以为百家企业提供专业咨询服务。

3.4　问题分析

3.4.1　平台科技资源整合质量参差不齐

平台科技资源整合质量参差不齐，主要体现在三个方面：一是平台科技资源缺乏权威性和全面性。科技资源更新缺乏完善的评估体系支撑，不同平台的科技资源来源不统一，由于不同平台业务领域的有限性，不能将所有新的科技资源纳入资源库。二是平台的建设缺乏高素质的服务人才支撑。据相关的统计数据显示，从人才供给的角度看，目前我国平台建设过程中科研人才较为充足，但是服务型人才比较稀缺，阻碍了平台管理服务的发展。三是目前市场上能够起到引领带动作用的科技创新服务平台比较欠缺。此外，产业集聚度高，行业内企业共享的专业服务平台也比较欠缺。

3.4.2　平台服务保障条件不足

我国市场自发型科技创新服务平台的服务保障条件

不足，主要体现在四个方面：一是政策法规和制度体系不完善，针对平台服务的法律法规和政策制度建设相对滞后。二是服务标准不规范，导致服务质量参差不齐，难以最大限度发挥服务效能。标准化是科技创新服务平台有效整合资源和提供对外服务的重要工作，不同类型的平台应联合制定统一的技术标准和与服务规范，按照标准和规范提供服务，形成必须共同遵守的行业准则。三是平台宣传力度不够，由于缺乏宣传推广，许多企业和科研人员对于平台的功能与最新发展动态了解甚微，缺乏服务体验。四是人才队伍建设有待加强，平台的建设相对忽略了人才队伍建设。

3.4.3 平台融资服务能力较弱

融资对科技成果交易和转化都发挥着重要作用，我国市场自发型科技创新服务平台基本都能充分认识到金融的重要性。然而，目前我国市场自发型科技创新服务平台与金融融合的模式较单一，科技金融处于起步阶段，主要是吸引和聚集风险资本投资，由风险资本投资推动科技成果的商业化运作。调研的中国科学院北京国家技术转移中心目前已有科技金融和融资顾问服务。中国科学院北京国家技术转移中心通过政府股权投资基金和创业投资，引导社会创业风险资金加大对种子期、起步期科研项目的投入力度，为其制定合理并可行的投资计划，向科技企业引入投资机构及资金。

3.4.4　服务模式有待突破

基于“互联网 +”的大力推行，共享平台是未来的发展方向，而“服务”也成为社会越来越苛求的高素质要素。以共享为核心，突出服务手段和方式，打破政府、市场等的垄断，对投资建设的平台根据需要进行分门别类、循序渐进的开放。积极探索先进的、现代的管理体制和运行机制，优先选取和使用经济易行的服务方式和手段，实现信息成果共享，促进科研合作。响应大众创业、万众创新号召，降低创业成本，规避创新风险，为科技创新和推广提供一个良好的环境氛围和服务平台。

第 4 章

国外科技创新服务平台、类型及其经验借鉴

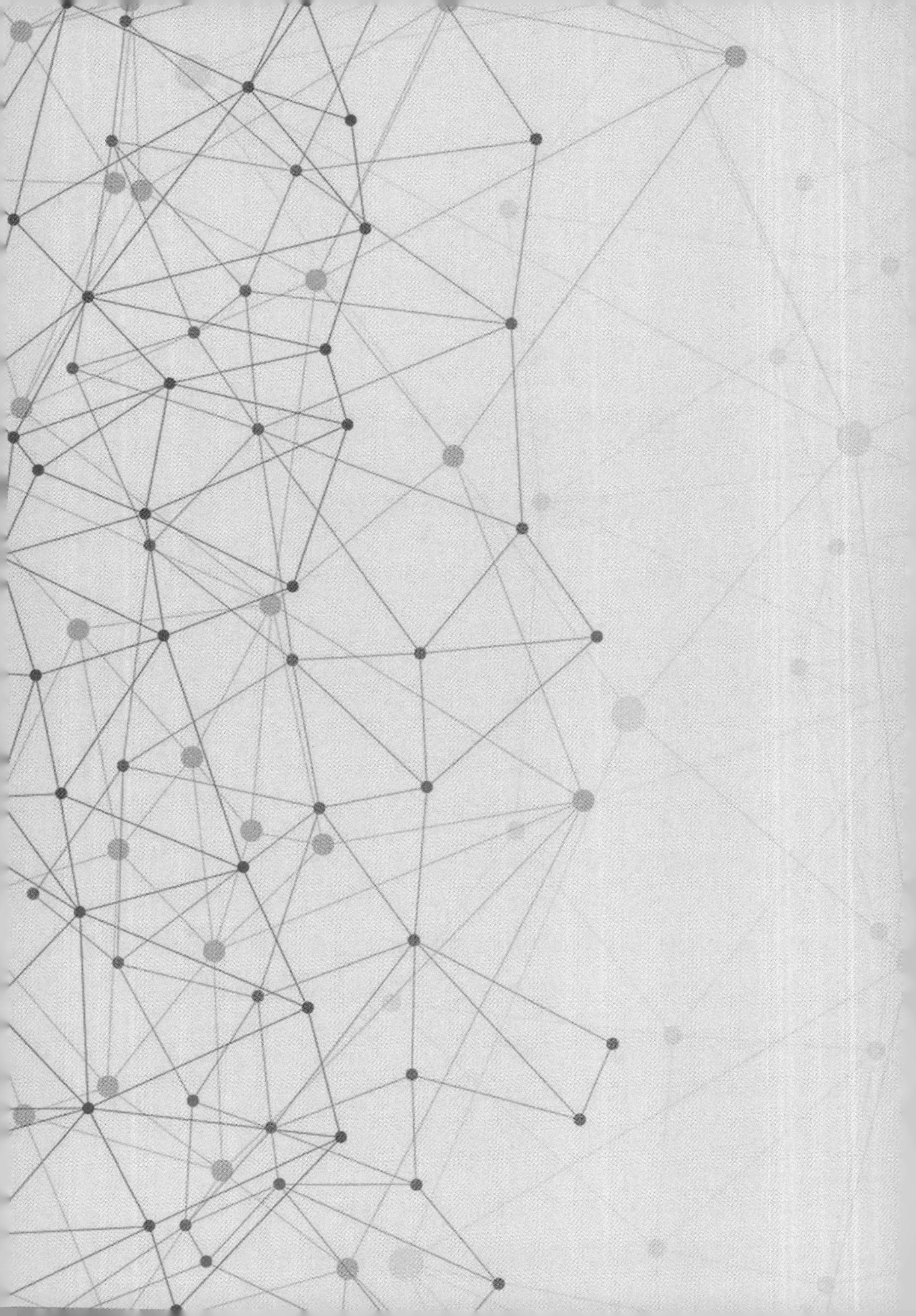

4.1　美国的科技创新服务平台 *

4.1.1　美国国家技术转移中心（NTTC）

美国国家技术转移中心（Nation Technology Transfer Center, NTTC）是由美国国会拨款，成立于 1989 年的非营利性技术服务机构，提供整合性技术交易信息网站及专业咨询服务。NTTC 服务领域涵盖美国政、产、学、研各界，主要任务是将联邦政府资助的国家实验室、各大学院校等的研究成果迅速推向工业界，使之尽快转化成产品，增强美国工业的竞争力。目前 NTTC 已成为美国各联邦实验室、太空总署与美国各大学对企业界提供技术转移等各项服务

* 本章节内容大多来自对应案例的官方网站。

的重要机构。

NTTC 的主要服务内容是技术转移“入门服务”、“商业黄金”网络信息服务、专业培训服务和发行技术转移出版物服务。NTTC 的机构设置为总部 +6 个区域技术转移中心，6 个区域技术转移中心分别为南部技术应用中心、中部技术转让中心、东北部技术商品化中心、大西洋技术应用中心、中西部大湖工业技术中心和西部区域技术转移中心。

NTTC 作为连接联邦实验室和大学与企业的桥梁，是提供双向甚至多向技术信息服务的平台。

NTTC 及区域技术转移中心工作范围是：①技术转移信息网络；②为用户寻找技术，并帮助技术发明单位与用户建立联系；③为用户做技术需求评估；④技术创新过程的形势分析；⑤市场评估；⑥经济可行性研究；⑦开展技术成果商业化策划，确定商品化任务；⑧推动合作双方谈判并签署技术转移协议；⑨寻找资金的咨询；⑩为企业提供诊断服务；⑪向从事商品化的管理人员提供培训。

NTTC 核心优势是庞大的技术信息库。NTTC 汇集了超过 700 个联邦实验室与 100 所大学的科技成果资料，提供技术与市场评估、技术信息服务及知识管理服务、技术转移相关主体领域培训服务等内容。运营方式采用线下线上相结合模式，主要以线下技术咨询服务为主。NTTC 的任务是通过自己的网络和 6 个地区技术转移中心的信息网将联邦政府资助的联邦实验室、大学等的研究成果面向全国企业推广。此外，中心还利用自己的关系，帮助企业寻找所需技术。在这一过程中，NTTC专家参与技术评估工作。平台在整个技术转移过程中是一个信息交换的场所，充当了“介绍人”和“担保人”的角色。

图4-1展示了美国国家技术转移中心的主要任务和运行模式。首先，从联邦实验室和部分大学等技术研究机构获取技术供应信息，再通过自建网络以及与6个地区技术转移中心的信息网，在全国范围内寻找需求企业；然后由中心介绍技术研究机构和企业对接，促使企业和研究机构达成技术合作意向。在这一过程中，技术转移中心的专家网络参与技术评估工作，同时技术转移中心视具体情况收取一定费用。从成立至2007年5月，美国国家技术转移中心累计进行了4 000种以上的技术和市场领域的全面技术评估。中心还为政府分配了超过40 000种的技术支持，并且为企业进行了1 582种以上的技术查询[14]。

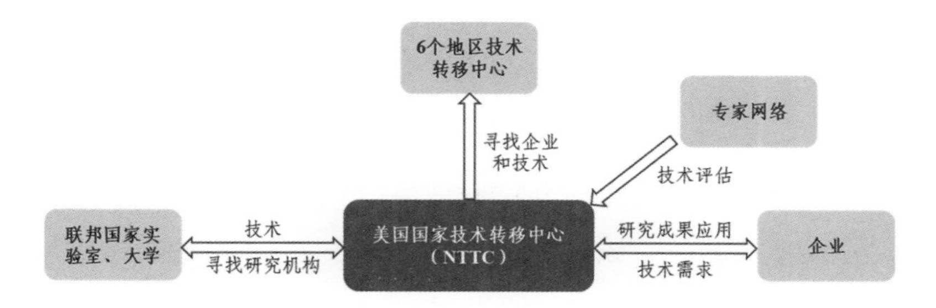

图4-1　美国国家技术转移中心运行机制

作为专业的技术与市场评估组织，美国国家技术转移中心最为突出的是其技术评估能力，可提供技术扫描、技术预测、技术匹配、投资组合、市场研究、合作伙伴选择的服务。此外，作为连接联邦实验室和大学与企业的桥梁，中心提供双向甚至多向技术信息服务的平台，这也是其得以成功的重要因素。

美国在促进技术转移进程中，给我国可借鉴的经验启示为：我国需要围绕科技成果转化加快推进配套法律政策改革和调整；加强科技成果转化机制建设和人才培养，尤其是技术评估机制和人才；加强中央和地方统筹联动形成合力；加强财政投入和奖励力度；加强公私合作；发挥社会资本的力量。

4.1.2 联邦实验室技术转让联合体（FLC）

联邦实验室技术转让联合体（Federal Laboratory Technology Transfer Consortium, FLC）成立于1974年，是一个由700多家联邦实验室及其上级部门所组成的全国性技术转移网络组织。成立FLC最初的主要目的是推动国防部系统研究成果向工业部门和地方的转移。1986年，美国国会通过《联邦技术转移法》，要求大部分联邦政府的研究机构也加入该联合体，并正式向FLC授予特许状。FLC的宗旨是建立联邦实验室技术与市场需求间的联系[15]，加速联邦政府资助的研究和开发成果向国民经济的渗透。

FLC 的主要职能是：

①开发和施行与技术转移有关的技术、培训课程和材料，以增强联邦实验室雇员关于实验室技术和创新商业潜力的意识；

②提供技术转移计划应用的相关咨询和帮助；

③建立技术情报交流中心，处理在实验室一级收到来自州和地方政府的机构、企业、产业开发组织、非营利组织（包括大学）、联邦机构和实验室以及其他个人关于技术援助的请求；

④促进联邦实验室的研究部门与技术应用部门之间的交流和合作；

⑤促进联邦实验室的研究部门和技术应用部门与地区性、州和地方的技术转移组织之间的交流与合作；

⑥帮助学院或大学、企业、非营利组织、州或地方政府，或地区性组织在技术项目开发、课程设计、研究计划、人事需求规划和生产力评估等领域中制订促进研究和鼓励技术转移的方案。

FLC 现有 700 多个成员，美国几乎所有雇员在 10 人以上的联邦实验室、中心及它们所隶属的联邦部门和机构均为 FLC 的成员。FLC 的日常运营经费来自各联邦实验室的预算抽成，在第一财年的一开始，各实验室划拨其所得预算（包括管理费用）的 0.008% 用作 FLC 的活动经费。

美国 FLC 给我们的经验启示为：政府的准确定位有利

于提高区域创新体系的核心竞争力，政府需要找准自己的定位，确定发展的重点、引导创新的方向。只有政府定位准确，并以此为据调动一切有限资源，高效配置人力物力，形成一个区域创新的核心竞争力，才能更好地促进区域创新，提高区域经济的核心竞争能力。但政府职能是有限的，要根据本国的实际情况适当发挥作用，建设区域创新体系要遵循市场规律，也需要各创新主体的良性互动，仅仅依靠政府统揽全局是不科学的。

4.1.3 美国国家技术信息服务局（NTIS）

美国国家技术信息服务局（National Technical Information Service, NTIS，https://www.ntis.gov）目前隶属于美国商务部

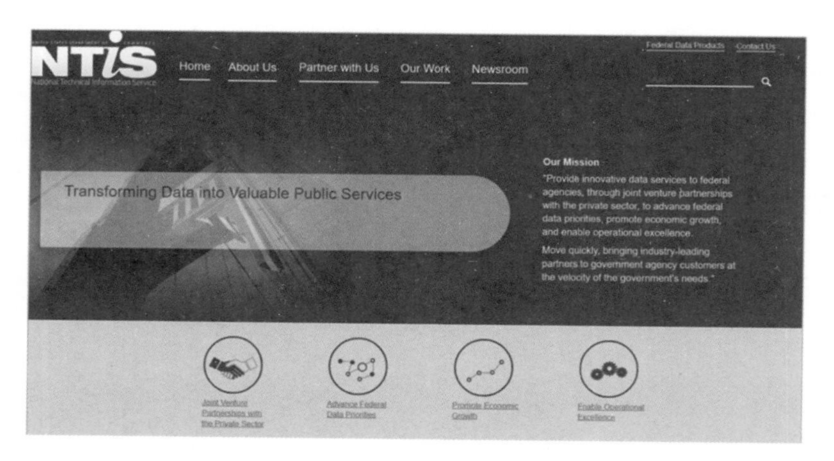

图 4-2 美国国家技术信息服务局网站首页

美国数据局(America's Data Agency)。NTIS 最初被命名为“出版委员会”，成立于二战后，作为美国政府科学研究和信息的储存库，其主要任务是整合国家相关研究计划、各类实验室以及大学专利、技术发明、可转移技术，建立资料库，为中介机构提供信息查询服务 [16]（图 4–2）。

1991 年《美国技术卓越法》规定 NTIS 的职责是帮助美国商务部提供促进创新和发展的信息和数据，并通过以下手段促进美国改革和经济发展：

①收集、分类、整合、集成、记录和编制任何可获取的国内外科技信息；

②向公众传播；

③向其他联邦政府机构提供信息管理服务。这些信息包括技术报告和信息、计算机软件、应用评估以及培训技术信息。

目前 NTIS 的运营宗旨是通过与私营部门的合资伙伴关系，为联邦政府机构提供创新的数据服务，以推进联邦政府的数据决策，促进经济增长。

美国国家技术信息服务局(NTIS)给我们的经验启示为：建立国家级科技信息体系，政府行为应占主导，给予财政和行政上的支持；完善相关政策法规体系，保证科技信息体系的运行和发展；既要充分利用网络资源，也要发挥传统服务的作用；科技报告等政府信息，应作为一种国家战略资源加以保护 [17]。

4.1.4 美国大学技术许可办公室（OTL）

在美国《拜杜法案》的推动下，自 20 世纪 80 年代起，美国许多大学开始建立技术许可办公室（Office of Technical Licensing, OTL），并将之发展成为美国大学技术转移和知识产权经营的标准模式[18]。OTL 起源于斯坦福大学。1970 年，斯坦福大学建立技术许可办公室，主要职责是促进学校科技成果转化，包括技术成果评估和市场风险预测、技术许可、专利申请等知识产权管理工作。该办公室由学校分管科研的副教务长直接管辖，向上对教务长以及学校校长负责。

斯坦福大学 OTL 的运行方式包括以下五个工作环节：

①发明人向 OTL 提交申请材料（发明和技术披露表），OTL 记录在案，并指定专人（技术经理）负责审查和了解其市场潜力。

②在充分掌握大量信息的基础上，由 OTL 独立决定是否申请专利（美国专利申请的实际费用高达上万美元，通常情况是先有企业愿意接受专利许可，学校才申请专利）。

③制定授权策略并征集可能对此感兴趣的企业。对各企业进行筛选以保证专利许可效果，企业需具备使该项发明商业化的基本条件。

④进行专利许可谈判，签订专利许可协议。为避免利益冲突，学校规定发明人不能参加 OTL 与企业之间的专利许可谈判，谈判由技术经理全权代表学校。

⑤ OTL 对专利许可持续跟踪，确保许可收入及时收取并进行正确分配。

依据《拜杜法案》，联邦政府、企业和其他机构资助的发明所有权归大学。对于获得的专利许可收入，OTL 先将专利申请费、办公费等相关费用从专利许可收入中扣除，即为专利许可净收入，再由发明人、发明人所在院、发明人所在系三方平分专利许可净收入。其中著名案例是 1981 年 OTL 将斯坦福大学教授 Stanley Cohen 和加州大学伯克利分校教授 Hebert Boyer 于 1974 年联合发明的“基因切割”生物技术申请发明专利，并以非独占性许可方式将该技术许可给了众多企业，从而开启了全球生物技术产业。

相比于其他模式，OTL 模式的创新之处在于：

①强调大学亲自管理专利事务，并把工作重心放在专利营销上，以专利营销促进专利保护。

②技术经理作为全程监管的负责人，不是仅懂法律的单一知识结构人才，而是同时擅长技术、法律、经济和管理，更精于谈判之道的复合型人才。

③自收自支，为学校营利。除成立时学校投入第一笔启动资金外，OTL 今后的办公费用全部从知识产权经营收入中开支，甚至还能为大学营利，以获得更充沛的研究资

金。以斯坦福大学为例，2006 年 2 月 1 日，斯坦福大学出售 Google 股票的总收入已经达到 3.36 亿美元。此外，斯坦福在最近的财年中还从 428 项专利技术中获得了 4 800 万美元的使用许可费[19、20]。

④允许发明人分享收入。这有益于激励发明人不断公布发明，并配合随后的专利申请和许可工作，也提升了发明人在院系中的地位和声望。

技术授权办公室的成功缘于美国对知识产权转化的重视，OTL 模式并非横空出世、一蹴而就成为美国高等教育体系同产业界之间技术转移的直通车。从第一家技术授权办公室在斯坦福大学内正式成立，到这种模式为全美高校所认可，离不开美国国家创新体系下若干要素的“保驾护航”。美国大学技术许可办公室（OTL）给我们的经验启示就是：科技的发展离不开知识产权的转化和各方面机构的协作。

4.1.5 美国网络技术交易平台（Yet2）

美国网络技术交易平台（www.yet2.com）创建于 1999 年，由杜邦公司、福特公司、波音公司、美国陶氏化学公司等出资成立，是全球首次利用网络进行虚拟技术交易的先驱，也是目前全球最大的网络技术交易市场平台之一[21]（图 4–3）。Yet2 是一个基于开放创新服务的全球性技术交易平台，在全世界范围内为技术需求和技术供给双方提供一个联系、沟通以及合作的平台，创造开放式创新关系网络。依托平台技术信息库，Yet2 每年向客户提供 400 多条经过筛选的技术和公司信息。2016 年 8 月，Yet2 平台网站的用户已经超过 13 万户，其中包括宝洁、飞利浦等世界 500 强企业。此外，Yet2 还拥有一支由科学家和工程师构成的技术团队，成员大多具有博士学位和相关技术领域专业背景，为平台的发展奠定了良好的专业基础。

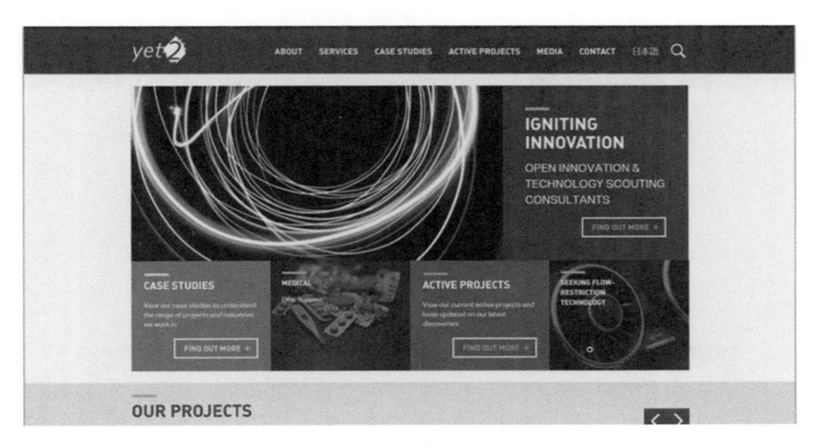

图 4-3　Yet2 网站首页

Yet2 服务主要包括五个方面，即创新咨询、技术搜索、创新门户搭建、技术许可和专利交易。

（1）创新咨询

Yet2 为面临挑战和问题的企业提供咨询，制订企业创新发展方案。

（2）技术搜索

通过定义—搜索—筛选—雇佣，Yet2 可为用户提供定制化的技术方案，搭建供需桥梁。

技术需求者发布技术需求详细信息，包括技术名称、背景、限制条件、应用领域、技术研发成果等方面，技术拥有者可联系技术经理人了解详细信息（图 4-4、图 4-5）。

图 4-4 Yet2 技术需求搜索页面

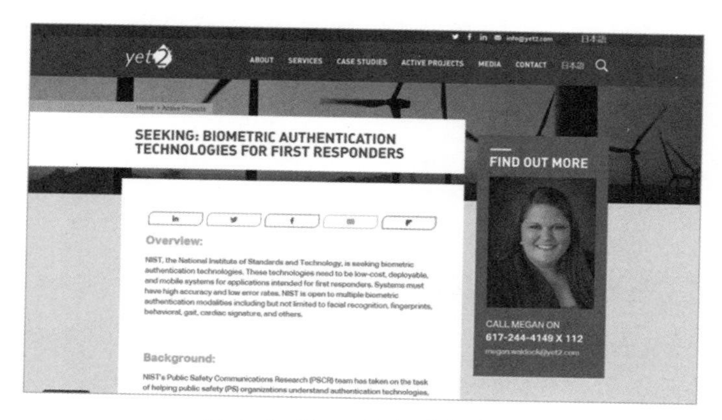

图 4-5 Yet2 技术需求案例

（3）创新门户搭建

根据企业品牌和信息，搭建开放创新门户。为目标用户（如内部员工、供应商、外部人员等）定制灵活的用户体验和访问级别（开放或密码保护）（图 4-6、图 4-7）。

图 4-6　Yet2 创新门户搭建合作企业

图 4-7　Yet2 创新门户搭建案例

（4）技术许可

评估技术潜力，对接潜在买家和战略合作伙伴。

（5）专利交易

基于数据库，为客户技术寻找技术买方。同时，还作为一个值得信赖的知识产权经纪人，就如何最好地利用现有专利实现最大的市场价值提供建议。

Yet2 平台采用市场化运作模式，收入来源包括信息发布费、交易费和增值服务费。信息发布费的收费标准是发布一条信息必须缴纳 1 000 美元，有效时限为一年。平台对每笔交易收取交易总额 15% 的费用，且一般不低于 1 000 美元。增值服务费包括咨询费、投资方案设计费等，视客户所要求服务类型不同而设定不同的收费档次。

4.1.6 美国创新中心（InnoCentive）

美国创新中心（InnoCentive，https://www.innocentive.com）创立于 2001 年，是一个致力于为企业提供创新解决方案，覆盖化学、生物、物理、计算机、数学、商业、工程与设计等领域的开放式科技研发供求衔接网络平台。InnoCentive 明确定位是成为一个搭建全球企业所存在的各类科研难题与科学家沟通和对接的平台，促成难题需求者与供给者的快速配对，帮助企业低成本、高效率地实现创新活动[22]（图 4-8）。

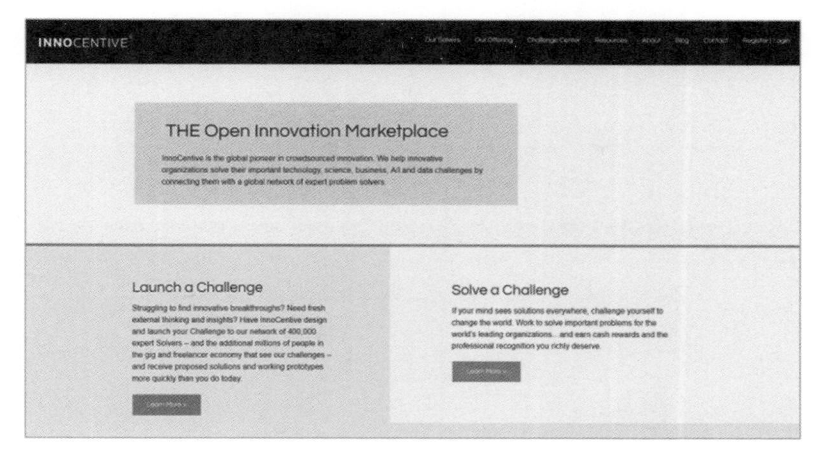

图 4-8　美国创新中心网站首页

InnoCentive 通过创造一个“市场”，使需求方获得“商品”，而供给方通过获得市场激励来提供需求方所需的“商品”。美国创新中心 InnoCentive 网站运行模式是，用户在 InnoCentive 网站上可注册成为“求解者”（Seeker）和“解决者”（Solver）两种身份。企业与 InnoCentive 签约成为“求解者”后，可在网站中发布需要解决的技术难题以及奖励金额。注册为 InnoCentive“解决者”的世界各地的科学家都有资格解决网站发布的问题，通过网站提交解决方案。InnoCentive 科技团队对所有解决方案进行评估，对满足“求解者”要求的方案进行奖励。除了“求解者”发布和“解决者”解答功能外，网站还提供行业的案例、行业白皮书、网络研讨会等电子文档和视频资料（图 4-9、图 4-10、图 4-11、图 4-12）。

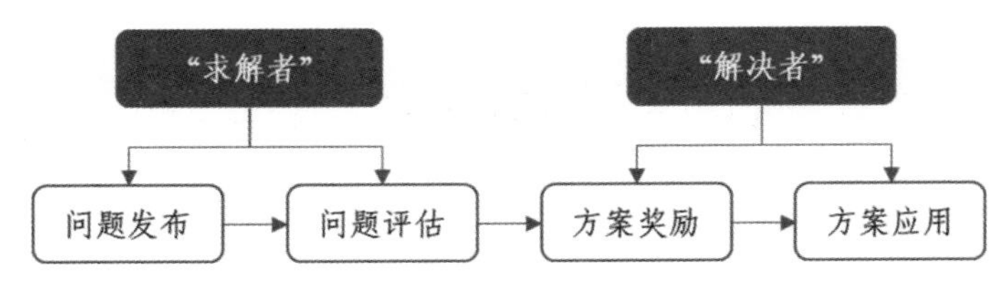

图 4-9 美国创新中心 InnoCentive 网站运行方式

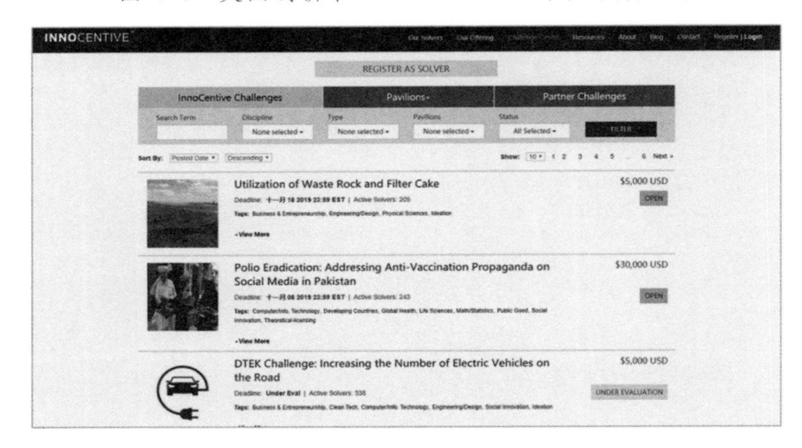

图 4-10 InnoCentive 技术难题列表

图 4-11 InnoCentive 技术难题案例

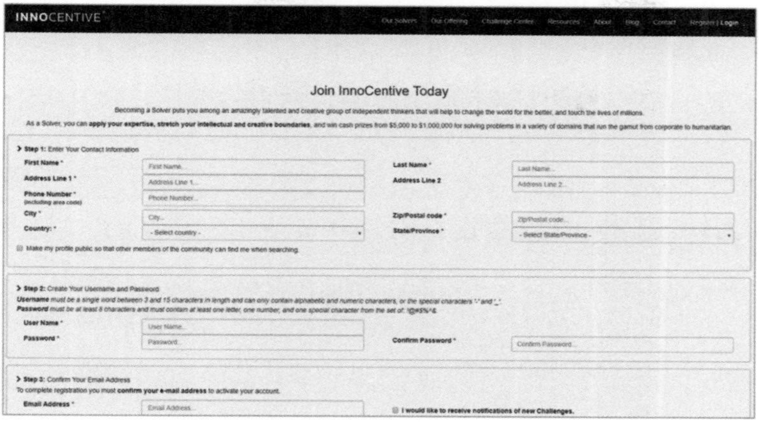

图 4-12　InnoCentive“解决者”（Solver）注册页面

创新中心 InnoCentive 网站收入来源于“求解者”企业。任何寻求科技咨询的企业，除了要向创新中心交付一定的会费以外，还要为每个解决方案支付 5 000—100 000 美元。

4.2 欧洲的科技创新服务平台 *

4.2.1 欧洲企业网络（EEN）

2008 年，欧洲创新转移中心（Innovation Relay Center，IRC）和欧洲信息中心（EIC）合并组成欧洲企业网络（Enterprise Europe Network, EEN）。EEN 是一个大型跨国网络平台，旨在为中小企业提供技术创新、成果转化和经贸支持，帮助中小企业寻找新市场和技术合作。EEN 覆盖全球 50 多个国家，拥有超过 600 个技术转让与商业合作组织，包括国家、州、地区、市级的经济发展机构、工商会、研发机构、高等院校、科研中心和创新中心等，以及涵盖超过 100 万高科技企业的数据库，涉及农业食品、汽车交通物流、化学制品、创新产业、环境、保健、智能能源、海上运输业、新型材料、纳米技术、空间与航天技术等 17 大领域。2015 年 11 月，EEN 由欧洲中小企业执行机构（EASME）管理，总部设在比利时布鲁塞尔。EASME 是由欧盟创立，用于管理一系列欧盟代表项目的机构。

EEN 为用户提供的服务可归纳为以下三类：

---

* 本章节内容大多来自对应案例的官方网站。

（1）推动建立商务合作

网络成员通过 EEN 网络获取欧盟市场相关信息，包括招标信息、公共领域采购信息、商业信息、科技研发信息等。EEN 根据用户合作意向，帮助中小企业建立商业合作伙伴关系。

（2）提供知识产权和专利咨询

提供关于知识产权和专利方面的咨询，帮助企业建立技术合作伙伴关系，为创新型企业寻求实现技术创新合作以及技术转移合作等提供平台。

（3）帮助寻求经贸支持

帮助评估企业财政状况，并寻找合适的途径，主要有风险投资和贷款、公共财政支援、税收抵免三种方式。

① 风险投资和贷款。适合于刚起步，处于始发阶段或增长阶段的企业。EEN 通过对企业进行严格考察并培训，让企业与投资者、天使投资人、风险投资公司和银行进一步接触。

② 公共财政支援。通过与 EEN 专家沟通，帮助企业了解如何获取公共基金。

③ 税收抵免。通过当地的 EEN 网络分支，了解本国关于税收抵免的方式。

经欧盟委员会授权，2008 年 12 月中国成立了第一家欧洲企业网络分支机构欧洲企业网络华中中心（EENCC）。EENCC 提供经贸信息咨询与服务（信息咨询、信息反馈、经贸合作、国际服务），帮助中小企业技术创新及转移转让以及帮助中国企业申请欧洲研究与技术开发资金。EENCC服务内容如图 4-13 所示。

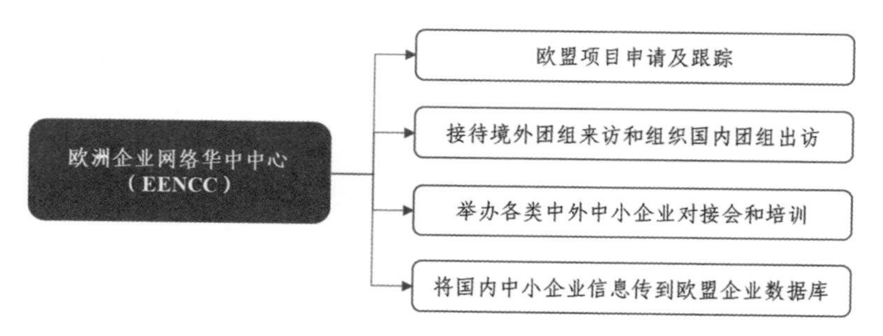

图 4-13 欧洲企业网络华中中心服务内容

4.2.2 欧洲创新与技术研究院（EIT）

欧盟委员会 2008 年 7 月 30 日正式确定建立欧洲创新与技术研究院（European Institute of Innovation and Technology, EIT），并将总部设在布达佩斯，由欧盟各成员国企业界、科研界和高等教育界的 18 名专家组成的创新与技术研究院指导委员会同时成立。2010 年 3 月，新一届欧盟委员会以政策文件的形式，对外公布了欧盟未来 10 年经济发展战略，即“欧盟 2020 战略”，战略明确把发展知识与创新经济、绿色经济和高就业经济，实现智慧型、可持续和包容性增长，作为建设欧洲社会市场经济的三大战略优先任务，再次把里斯本战略未能实现的“研发投入强度达到 3%”作为五大战略目标之一，特别把建设“创新型联盟”作为七大计划之首，EIT 重点支持在气候变化、可再生能源、新一代信息与通信技术等领域的创新活动，而且其他六大计划均与科技创新有关，突出显示了科教支撑、创新引领经济社会发展的战略定位。EIT 旨在推动欧盟产学研之间建立合作伙伴关系，推动创新活动，促进就业和经济增长[22]。

仿效美国麻省理工学院汇集科研、工业和大专院校的精英进行研发的模式，EIT 拟建成为一个将教学、研究与创新机制融为一体的中心，整合全欧洲在研究和高等教育领域分散的人力、物力和财力，以寻求推动欧洲技术创新的道路。

EIT 架构由两个层面组成，即管理委员会（EUT）和一批知识与创新共同体（Knowledge and Innovation Communities, KICs）。管理委员会由欧盟各成员国企业界、科研界和高等教育界的 18 名专家组成，负责 EIT 的战略制定、评估以及预算管理等。KICs 由分布在全欧的合格的大学、研究部门的优秀团队和工商界的利益攸关者共同组成，KICs 至少由两个欧盟成员国的三个合作伙伴组成，每个 KICs 至少应包括一个高等教育机构、一个研究机构和一个私营企业，紧密结合教学、研究和创新工作，从事全球性的、跨学科的战略性研究工作。EIT 资金来源于欧盟及成员国的官方投资和工业界资本，也吸引和鼓励私人资本投入到技术研究领域。

4.2.3 英国技术集团（BTG）

英国政府1949年组建国家研究开发公司（National Research Development Company, NRDC），负责对政府公共资助形成的研究成果的商业转化。1975年，英国政府又成立了国家企业联盟（National Enterprise Board, NEB），负责进行地区的工业投资，为中小企业提供贷款，研究技术领域发展的投资问题。1981年，NRDC与NEB合并，改名为英国技术集团（British Technology Group, BTG）。为了推动BTG的市场化运作，1991年英国政府把BTG转让给由英国风险投资公司、英格兰银行、大学副校长委员会和BTG组成的联合财团，BTG实现私有化，现为股份制科技中介上市公司，成为世界上最大的专门从事技术转移的科技中介机构之一[23]。

BTG致力于从市场的实际需求出发，挑选技术项目，通过最有效的手段将技术推向市场，实现技术的商业化。BTG涉及的主要技术领域为医学、自然科学、生物科学和通信，业务涵盖不同发展阶段的新技术。BTG的基本任务是推动新技术的转移和开发，尤其是促进大学、工业界、研究理事会以及政府部门研究机构的科技成果的产业化和商业化，鼓励私营部门的技术创新投资并扶持中小企业，促进技术转移转化。BTG的技术转移程序一般分为技术筛选、技术评估、专利保护、技术开发、市场化、专利转让、协议后的专利保护与监督、收益分享八个阶段。

（1）技术筛选

BTG 每年在世界范围内从公司、大学和研究机构等预选 400 项有商业化价值的新技术和专利，从中筛选和评估出 100 项具有较大市场价值的技术项目，帮助实现专利申请或实施专利授权。针对还未成熟的有价值的技术，BTG 还投资一定的资金帮助其开展技术研发。

（2）技术评估

BTG 按照严格的标准评价技术的创新性，判断其是否完全获得专利保护以及是否有足够的市场潜力。在开展专利技术价值评估时，综合考虑产品生命周期、专利有效期、同类产品竞争力、市场潜力、专利申请费、市场开发费用等。针对具有商业化价值的技术，BTG 会制定明确的商业化进程。

（3）专利保护

BTG 与技术发明人签订发明转让协议，由发明人把相关知识产权转让给 BTG。协议书规定双方的责任、权利和义务，以及收入分享的原则。BTG 负责专利申请并承担相关的申请费、保护费以及侵权纠纷的诉讼费等全部费用。

（4）技术开发

对具有开发潜力但尚未完全成熟的专利技术，BTG 制定开发和营销计划，资助发明人进一步开发，加速其商业化进程。

（5）市场化

BTG为专利技术制定市场战略，在全世界范围内对接有能力开发专利技术的客户，即潜在专利技术许可人，识别和跟踪最优的专利技术商业化路线，将专利变为市场产品。

（6）专利转让

BTG与专利技术许可人谈判并签订转让协议。

（7）协议后的专利保护与监督

完成专利转让后，BTG监测可能发生的专利侵权行为以及被许可人的经营和财务状况，确保被许可人根据专利使用许可协议合理使用专利和支付专利使用许可费。

（8）收益分享

一项技术转让成功后，获得的转让费在扣除专利申请费、诉讼费和开发费等相关费用后，其净收入由BTG与发明者按对半平分。BTG不仅通过转让技术使之获取价值，而且通过建立新的风险投资企业，把获得的巨大报酬返还给技术提供者、商业合伙人和股东。这种运作模式使BTG在技术供方和技术发展方中都拥有能够共同获得利润的合作。BTG具有捕捉未来市场技术并从中获得回报的独特能力，通过投资于技术的进一步开发和扩大知识产权的范围创造新的价值。

此外，BTG还开展其他的一些业务以促进技术转移：帮助公营机构申请获得专利和生产许可证；提供“种子资金”资助大学师生开展新技术开发；在大学设立技术奖励基金；

不定期举办技术发明创造竞赛；帮助拥有技术的集体或个人创办科技型企业，协助办理相关手续以及提供资金方面的帮助等。

4.2.4　德国史太白技术转移中心（STC）

德国史太白技术转移中心（Steinbeis Transfer Centers, STC）成立于 1998 年，是欧洲最大的技术转移机构之一。经过 20 多年的发展，STC 已经由一个州立技术转移机构发展为国际化、全方位、综合性的技术转移网络，面向全球提供技术与知识转移服务。STC 由总部与各地的史太白专业技术转移中心共同组成，形成覆盖全球 50 多个国家、拥有 1 072 个专业技术转移中心的国际技术转移网络，现有员工 6 000 多名，其中教授超过 700 名。

史太白网络由经济促进基金会、技术转移公司及众多技术转移中心、咨询中心、研发中心、史太白大学及其他参股企业组成（图 4-14）。经济促进基金会设有理事会

<table>
<tr><td colspan="2">理事会</td><td>史太白基金会（StW）</td><td colspan="2">执行委员会</td></tr>
<tr><td colspan="5">史太白技术转移有限公司 （StC） 管理委员会</td></tr>
<tr><td colspan="5">史太白企业（SU）</td></tr>
<tr><td>史太白技术转移中心（STC）</td><td>史太白研究中心（SRC）</td><td>史太白咨询中心（SCC）</td><td>柏林史太白大学（SHB）和史太白技术转移研究所（STI）</td><td>史太白控股（SBT）</td></tr>
<tr><td colspan="5">其他技术转移支持机构:
史太白资产　费迪南史太白研究所　史太白讨论会　史太白出版物</td></tr>
</table>

图 4-14　史太白技术转移网络结构

和董事会。理事会由所在州州长府、经济部、科技部、州议会各议会党团代表、州工业联合会、高校、科研机构、工商会的代表组成。理事会每年召开两次会议，讨论通过重要决议，为基金会的发展建言献策。技术转移公司为基金会的全资子公司，管理技术转移、咨询中心、研究中心及其他下属公司。

每个 STC 相对独立，实行市场化运作。技术或专利拥有者通过“提出申请—成立转移中心(委托现有转移中心)—自主经营”实现技术的转移（图 4-15）。史太白技术转移中心设有吕恩奖金，用于奖励优秀的技术转移项目。

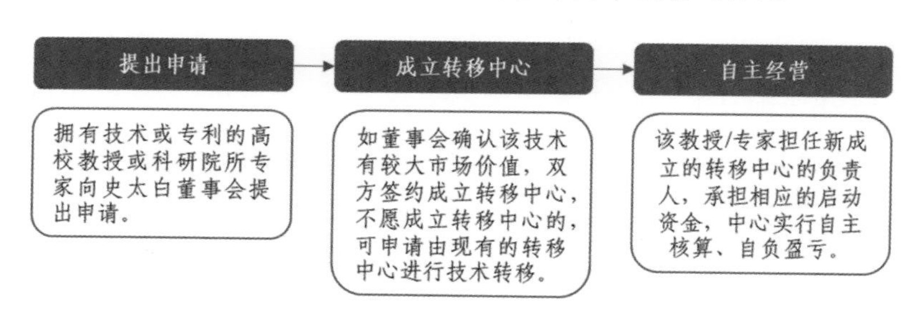

图 4-15 史太白技术转移中心成立程序

史太白经济促进基金会的宗旨是促进知识和技术的转移、科学与经济的结合、创新潜力向实践的转化[24]。其成功经验如下：

一是创立产学研结合的技术转移模式，为高校、科研机构的技术拥有者提供合作平台。该模式充分利用高校和科研机构中未转化为经济价值的知识和技术潜力，有效降低企业特别是中小企业的研发成本，提高社会的创新能力和经济的整体竞争力。

二是政府支持与市场化运作相结合，实现公共资源和市场资源的优化配置。

三是推行扁平化管理，总部与技术转移中心之间建立灵活高效的运作机制。基金会制定服务准则，各技术转移中心按照市场化原则自主运营，这种外松内紧的管理模式既能充分发挥各技术转移中心的积极性，又能实现基金会的宗旨和目标，最大程度上实现了技术拥有者、史太白以及企业之间的共赢合作。

德国史太白技术转移中心（STC）体系[25、26]对于我国的借鉴意义：

目前，我国技术转移机构大体有以下几类：国家级常设技术市场、国家技术转移中心、并不以技术转移业务为主业的兼营机构、综合型网络服务平台。但在服务科技成果转化发挥的作用方面仍落后于德国这样的发达国家，其根本原因在于我国技术转移体系机构种类繁多，但各机构规模小，结构松散，彼此间缺乏联系，作为沟通科研机构与企业间的桥梁，我国技术转移机构与两者的联系不够紧密，无法融入高校和科研机构，发掘人力和科研能力，无法充分调动高校资源。目前，我国科技转移体系市场化步伐太快，政府未能在整个体系中起到很好的作用，而德国技术转移体系既有非营利性的德国技术转移中心作为全国性公共服务平台和完全市场化运作的史太白技术转移中心，又有市场形式的弗朗霍夫协会，这为我国技术转移体系的构建是个很好的借鉴。

4.2.5 德国弗劳恩霍夫应用研究促进协会（FhG）

弗劳恩霍夫应用研究促进协会（Fraunhofer-Gesellschaft, FhG，https://www.fraunhofer.de）成立于1949年，总部位于慕尼黑，致力于面向工业的应用技术研究。截至2018年底，FhG在全球范围内拥有72家研究机构，其中在亚洲有3家（日本2家、韩国1家）（图4-16）。

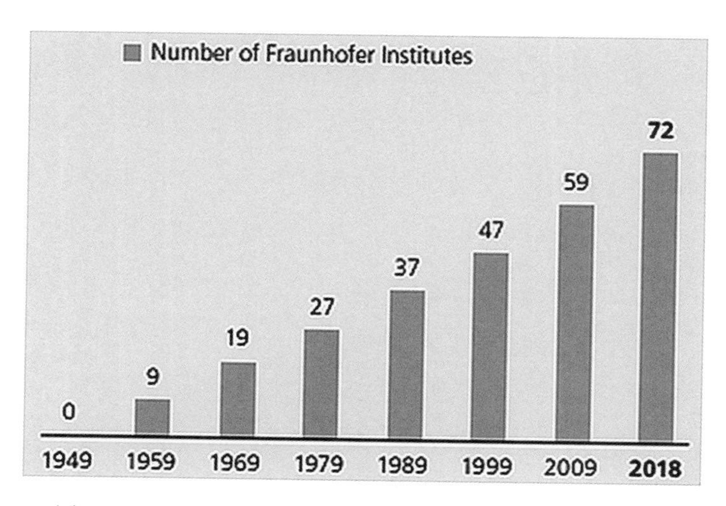

图4-16 1949—2018年FhG研究机构数量变化情况

FhG主要面向产业界提供技术完善和商业成熟的产品

和服务[4-6]：

①开展技术和生产工艺的开发与优化；

②进行新技术推广，包括提供最先进的测试条件对产品进行性能测试，对服务企业的人员进行培训，为新产品和新工艺的规模化提供支撑服务等；

③开展科技评估支持，包括可行性研究、市场调查、趋势分析报告、环境评价和投资前分析报告等；

④开展包括提供资金筹集建议（注重面向中小型企业）、认证服务（包括颁发认证证书）等其他服务。

FhG 与政府签订“确保科研质量”协议，对 FhG 以及所属研究所工作实施开展评估。各研究所每年度向 FhG 提交年度报告，FhG 执行委员会委托专家对报告进行审查，并给出评价意见。FhG 每五年对各研究所进行一次综合评估，评估委员会成员由来自 FhG 以外的学术界、产业界和公共部门的专业人士组成，考察其科技竞争力以及完成战略计划的情况。FhG 的基本资金由联邦政府、各州和德国公众提供，其中 30% 来自政府无偿拨款，另外 70% 来自公共竞争的项目，既包含政府及公共部门的竞争性科研项目，也包含来自企业的委托项目[27]。

德国弗劳恩霍夫应用研究促进协会 2019 年 3 月 26 日与上海交通大学签署正式合约，在临港成立上海交通大学弗劳恩霍夫协会智能制造项目中心，围绕智能制造和工业 4.0 前沿技术开展深入合作研究。中心主要围绕五个方面开展工作：

①进一步完善“未来智能体验中心”演示线，建成全球最先进的工业 4.0 和智能制造研究基地。

②围绕智能工厂规划、信息物理系统、数字孪生技术、人工智能装配以及人机共融制造等五个研究方向，开展智能制造前沿技术研究。

③建设上海市智能制造研发与转化功能型平台的“共性技术服务信息物理云平台系统”，为企业提供智能制造技术服务。

④开展工业 4.0 和智能制造战略研究，探索工业 4.0、智能制造和人工智能技术的最新发展趋势和路线。

⑤开展工业 4.0 和智能制造国际人才教育和培训，建立中德双方人员交流互访机制。

4.2.6 德国工业研究联盟联合会（AiF）

德国工业研究联盟联合会（German Federation of Industrial Research Associations, AiF，https://www.aif.de）成立于 1954 年，是一个非营利性的协会，其目标是促进国家中小企业的应用研究与开发。

AiF 与企业、研究机构和政府建立联盟，以便将想法转化为市场上成功的产品、过程或服务（图 4-17）。到 2019 年 1 月，AiF 拥有约 100 个行业研究协会、5 万家企业（主

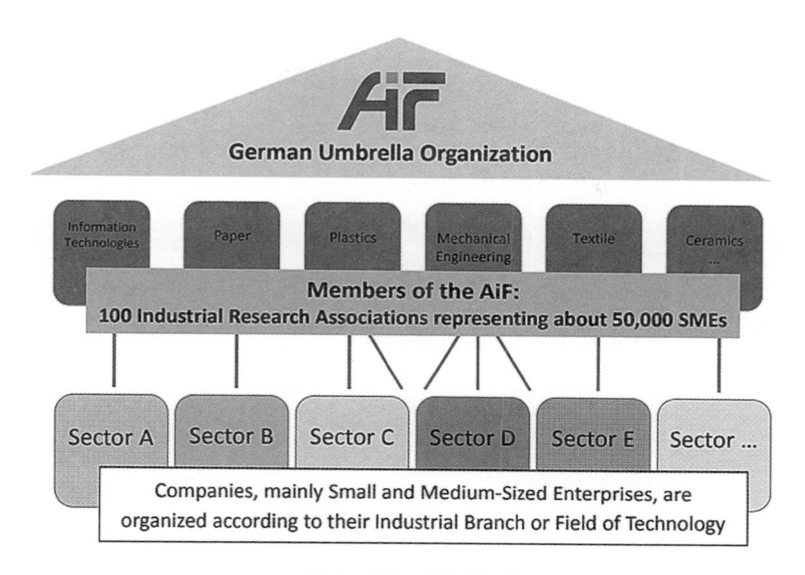

图 4-17　AiF 体系

要是中小企业）、1 200 家相关研究机构以及在科隆和柏林的分支机构。自成立以来，AiF 已经为超过 23 万个中小企业研究项目提供了超过 115 亿欧元的资金。

AiF 提出通过“工业联盟项目研究”（IGF）对研发项目提供“想法—实施—成果”全链条支持，以提高企业的创新能力（图 4-18）。IGF 由联邦经济事务和能源部资助。IGF 框架将企业、行业研究协会、研究机构和协会管理层相连接，为企业项目研发提供支持。协会 5 万家中小企业围绕技术需求、难题提出技术项目方案；100 家行业研究协会对项目方案进行评价、咨询，必要时会在 1 200 家科研机构中匹配项目合作单位，项目合作单位与企业一起进行项目实施；通过行业研究协会评估的项目由协会管理层推荐给联邦经济事务和能源部寻求资金支持。

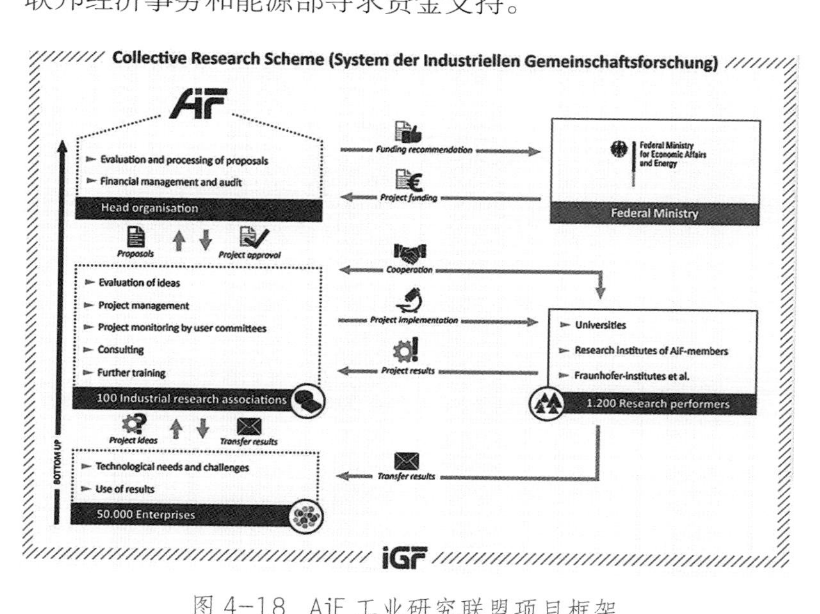

图 4-18 AiF 工业研究联盟项目框架

AiF 是一个独立的工业联盟，它完全由工业提供资金，不接受任何机构资助。除了 AiF 的长期工作人员外，来自产业界和研究领域的数百名代表和专家还以荣誉身份在 AiF 的集体研究系统中工作。

4.2.7 丹麦“绿色国度”联盟（SG）

“绿色国度”联盟（State of Green, SG）是由丹麦政府联合丹麦四大主要商业协会（丹麦工业联合会、丹麦能源协会、丹麦农业与食品委员会以及丹麦风能协会）于 2008 年共同成立的一个公私合营的、非营利的丹麦官方机构。联盟围绕可持续能源、绿色智能宜居城市、水安全以及循环经济四大全球挑战，关注可再生能源、能源效率、水资源管理、废物管理、气候适应、绿色城市等领域，帮助寻找潜在的合作伙伴和提供可持续解决方案。联盟通过与丹麦科技大学、萨姆索岛能源学院等高校和科研机构建立合作关系，保障最新科研成果的实时更新（图 4-19）。

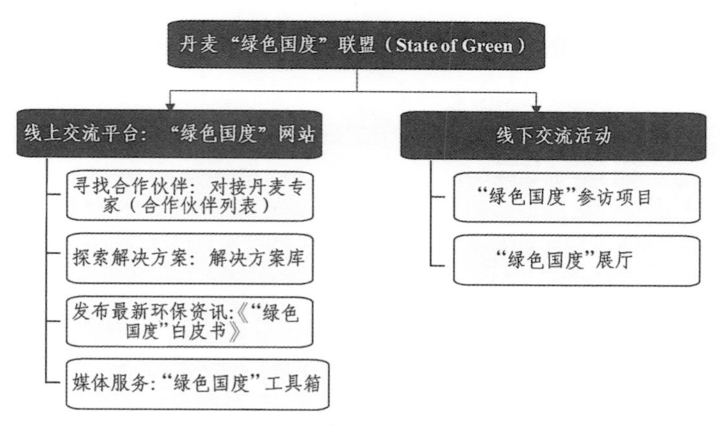

图 4-19　丹麦“绿色国度”联盟主要内容

目前，联盟现已汇集了超过 600 家合作伙伴，包括政府机构、企业、研发机构、专家和研究者等。联盟的运营资金依靠政府支持和商业赞助，一方面来源于丹麦外交部、丹麦能源与气候部、丹麦农业与食品部、丹麦工商部的资金和项目支持，另一方面来源于沃旭能源、维斯塔斯、丹佛斯、格兰富等企业的商业赞助。

"绿色国度"联盟采用"线上线下"相结合的方式为用户提供可持续解决方案以及实现绿色技术推广。

（1）搭建线上交流平台——"绿色国度"网站

"绿色国度"网站（www.stateofgreen.cn）是联盟在中国开展线上服务工作的主要平台，通过搭建线上平台汇集和展示丹麦及世界各地的绿色技术，并通过社交媒体扩大"绿色国度"和绿色技术的知名度。目前网站主要有一下四个方面的功能：

① 寻找合作伙伴。

建立合作伙伴列表，通过行业与领域、合作伙伴类型关键词筛选，帮助用户快速寻找合作伙伴，对接丹麦专家。

② 探索解决方案。

建立解决方案库，通过行业与领域、方案类型关键词筛选，帮助用户快速寻找解决方案。

③ 发布最新环保咨询。

网站定期发布白皮书，介绍丹麦国内以及世界各地最新的环保技术案例、经验等。

④ 媒体服务。

一方面用户通过网站可以提交访问申请表，可预约实地参观绿色解决方案，另一方面绿色国度工具箱"Toolbox"为用户提供包括案例、数据、照片、视频等多种资料下载（图4–20）。

图 4-20　“绿色国度”联盟网站首页

（2）组织线下交流活动

联盟目前线下交流活动主要包括两大类：绿色国度参访项目和绿色国度展厅。

①“绿色国度”参访项目为国际参访团组织安排实地考察，对接解决方案。

②联盟还在哥本哈根市中心修建了“绿色国度”展厅，展厅总面积 400 多平方米，位于丹麦工业联合会的大楼内，展厅内展现丹麦绿色解决方案，旨在向来访者展示丹麦如何以极具启发性的方式向碳中和转型。

③其他：联盟还通过参加国际展会、国际论坛等形式开展技术推广。

4.3 亚洲的科技创新服务平台 *

4.3.1 以色列创新局（IIA）

以色列创新局（Israel Innovation Authority, IIA），是一个独立的公共资助机构，旨在提供各种实用的工具和融资平台，有效地应对以色列本国和国际创新生态系统的动态和不断变化的需求。IIA 服务对象包括早期创业者、开发新产品或制造工艺的成熟企业、寻求将新想法实现市场化的科研机构、有兴趣与以色列开展技术合作的全球企业、寻求海外新市场和将创新和先进制造业融入其业务的传统以色列企业。IIA 代表政府帮助社会和企业开展商业性的研究与开发，促进高新技术的发展，为科技人员实现从技术成果到产品产业化提供风险资助。

IIA 下属六个创新部门，每个部门针对不同的需求配套对应的激励项目，具体信息见表 4-1。

* 本章节内容大多来自对应案例的官方网站。

表 4-1 以色列创新局工作内容及激励项目

部　门	职　责	项　目
创业部	针对处于种子前期或研发初期的技术方案，为其发展提供独特的激励项目，帮助其将想法转化为现实。	（1）孵化器激励项目 （2）创新实验室激励项目 （3）Tnufa 创意激励项目 （4）创业公司早期激励项目 （5）可再生能源（清洁技术）技术中心
发展部	帮助处于增长期的高新技术企业和成熟的高新技术企业，寻求技术创新增长的渠道和创新研发资金支持。	（1）生物技术和健康领域跨国公司研发激励项目 （2）与政府实体合作的创新激励项目 （3）针对大公司的通用研发激励项目和研发（R&D）基金项目
技术基础设施部	关注资助应用研发基础设施，促进研究成果应用、研究技术转让、两用技术研发、交流知识和经验，以及由学术界和工业界的研究人员组成的综合小组开展突破性创新。	（1）国家基础设施研究与发展论坛（TELEM） （2）两用技术研发项目（MEIMAD） （3）研究机构的应用支持项目 （4）技术转移项目（MAGNETON） （5）促进学术应用研究项目（NOFAR，KAMIN） （6）通用技术研发联盟项目（MAGNET） （7）基础设施联合研发项目

续表

国际合作部	负责协调以色列企业与国外相应组织在创新研发知识和技术方面的国际协作，为以色列产业在全球市场提供各种竞争优势。由欧洲、美洲和亚太服务平台及跨国公司服务平台运营，通过一系列双边合作协议和双边基金以及欧盟研究和创新框架方案，为此类战略联盟提供支持。	（1）双边项目 （2）跨国公司的研发合作项目 （3）欧盟框架协议——地平线 2020 （4）欧洲支持项目 （5）针对新兴市场调整产品的激励项目 （6）两国共同基金
先进制造部	致力推动制造业企业的研发及创新，以加强其在全球舞台上的竞争力，并提高各行业的生产力。	（1）制造业企业研发预备激励项目 （2）制造业研发项目（MOFET）
社会挑战部	提高公共服务的效率和质量，以及通过技术创新提高社会福利和生活质量。	（1）以色列大调整激励项目（GCI） （2）编码训练营项目 （3）面向公共部门挑战的数字创新项目 （4）残疾人辅助技术激励项目 （5）多元化创业：少数族裔的激励项目 （6）外国企业家创新激励计划（试行）

在我国，广东省已经开始借鉴以色列成功的经验，制定了广东省政府重大科技决策咨询工作机制，一是强化科技决策咨询的法治化及规范化建设；二是推进政府科技决策咨询智库建设；三是创新议事决策方式；四是加强纵向政策协调。完善广东省科技企业孵化培训政策，大力发展海外风险投资，建立广东省军民融合创新发展机制，一是加强规划指导，编制《广东省国防科技工业军民深度融合发展“十三五”规划》，确立发展目标、重点任务及发展措施，在推进军转民、民参军、军民共享等方面，完善制度体系；二是加强部门协作，建立政府部门与军事各相关部门协调机构，制定工作机制，强化部门间的沟通；三是推动军民产学研合作，培育广东复合型的科技成果转移转化队伍。

4.3.2　以色列魏兹曼科学院YEDA技术转移公司

在大学、科研院所设立下属技术转移中介公司是以色列推动科技成果转化的典型模式。到2019年，以色列7所研究型大学中除海法大学外各大学都有专门从事技术转移的中介公司，负责将学术成果进行科技成果转化，包括专利申请和许可、寻找投资者和战略伙伴等。中介公司在技术转移中获得的收益，一部分归专利拥有人所有，一部分交给大学，其余的作为专利申请、维护等相关费用。

以色列魏兹曼科学院（Weizmann Institute of Science）的YEDA技术转移公司成立于1958年，旨在推动魏兹曼科学院的研究发现及创新科技成果及其知识产权向世界市场转移。

YEDA主要业务内容主要有：

①鉴定评估研究计划的潜在商业价值；

②保护研究所及其研究人员的知识产权；

③许可相关产业使用科学院的创新成果及技术；

④举办技术成果推介会及展会推广科学院的技术成果；

⑤为研究项目寻找资金支持。

4.3.3 日本科学技术振兴机构（JST）

日本科学技术振兴机构（Japan Science and Technology Agency, JST）是依据《国立研究开发法人技术振兴机构法》成立的国立研究开发法人单位，隶属于日本文部科学省。JST前身是日本科学技术振兴事业团。JST在推动知识创造到研究成果应用的同时，还提供保障这些工作顺利实施的科技信息服务并致力于提高日本国民对科学技术的认识，此外，JST还与各国开展战略性国际合作（图4-21）。

（1）JST的主要职能和机构的主要框架

JST的主要职能有四个方面：①集中产学研各方力量，大力推进基础研究、高新技术研究和应用开发研究；②建立

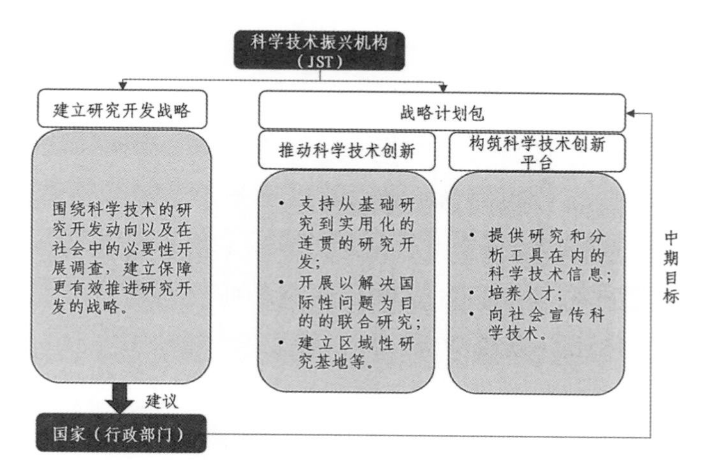

图 4-21　JST 主要任务

牢固的科研基础设施和信息网；③招聘国内外高水平学者到国际研究机构工作；④推进技术转移和开展研究支援活动。

JST 机构的主要框架为三个本部和两个中心，另设有负责科普任务的日本科学未来馆。三个本部分别是战略创新事业本部、产学合作事业本部和信息事业本部；两个中心分别为社会技术研究开发中心和研究开发战略中心。

（2）经费来源及使用

JST 的经费来源以政府拨款为主，JST 在选题的确定和经费的资助上分公开招标和负责人实施两种方式。

（3）运作模式

JST 的运作模式主要是“委托开发”和“开发斡旋”两种。“委托开发”是指 JST 在广泛搜集科研成果的基础上，从中挑选出对本国国民经济可能产生重要影响并有开发前景，但民间企业难以单独承担其开发的科研成果作为应用开发课题，交由新技术审议委员会的专家集体审议确定后，委托民间企业进行应用开发。“开发斡旋”的具体做法立足于JST广泛搜集优秀科研成果，然后由熟悉产业界情况的专家、技术人员和学者组成的新技术斡旋委员会，为科研成果持有者挑选有意合作开发的企业，协助其签订开发合同，并监督执行情况。

（4）启示

①深化科技体制改革，建立以民间企业为主导、产学研密切合作、政府精心协调的科技开发体制。

②民间企业主导型的科技开发体制有以下几方面优势：一是开发目标定位准确；二是有利于科研成果转化，从研发、产品试制到批量生产；三是有益于提高资金的使用效益和经济效益，企业会对自己投入的资金进行有效管理。

③JST的“开发斡旋”值得认真研究和借鉴。目前，我国的科技主管部门在“科技中介”领域还远未发挥应有的作用，主要原因是：一方面对成果转化的重要意义认识不足，重视不够；另一方面没有形成有效的运作机制，对科技成果转化促进的力度不大。

4.3.4 日本中小企业事业团（JASMEC）

日本中小企业事业团（JASMEC）隶属于日本经济产业

省（中小企业厅），为半官方机构，主要为日本中小企业提供服务，推动产学研联合[28]。JASMEC 主要为中小企业提供以下六个方面的服务：

①支持企业投融资；②人才培养和信息交流；③对企业进行技术指导和信息指导；④为大学和科研机构提供成果转移和技术合作平台；⑤促进中小企业开拓新领域、开发新产品提供新服务；⑥组织跨行业、跨领域、跨地区的交流活动，开办技术市场，派遣技术专家等。

4.3.5　东京大学先端科学技术孵化中心（CASTI）

东京大学先端科学技术孵化中心（CASTI）成立于 1998 年 8 月，是日本从事技术转让等中介服务的民营私营机构。CASTI 是日本具有代表性的大学科技中介机构之一，作为大学（主要是东京大学）和企业的桥梁，接受大学的研究开发成果，并帮助将其向企业转让。日本政府为科技中介服务机构提供了完善的法律支撑、资金支撑、风险支撑等条件，从而保证其有效的工作和良好的运营。

CASTI 技术转移其流程包括技术的公开、专利形成、市场化调查、转让签约、偿还技术使用费六个环节。

（1）技术的公开

CASTI 为技术发明者举行技术洽谈会，技术发明者在洽谈会中展示自己的研究内容。CASTI 与技术发明者进行磋商，并评估判断该技术的专利性和市场性。

（2）专利形成

CASTI 协助发明者咨询律师，由发明者撰写专利申请书。CASTI 代为办理专利权证书事宜。

（3）市场化调查

发明者选定技术转让的对象企业后由 CASTI 对该企业开展资质能力调查并为发明者提供咨询，协助发明者选定最合适的转让企业。

（4）转让签约

CASTI 与选定的转让对象企业进行谈判，签订转让契约。

（5）偿还技术使用费

技术使用费最初进入 CASTI 的账户，在扣除专利申请费、企业资质调查费等相关费用后，发明者获 30%，CASTI 获 30%、发明者所在单位获 30%、大学校方获 10%。

4.3.6 韩国环境产业技术院（KEITI）

韩国环境产业技术院（Korea Environmental Industry Technology Institute, KEITI）是韩国环境部下属的准政府机关，2009 年 4 月由韩国环境技术振兴院和环境商品振兴院联合成立。KEITI 设立的宗旨是通过开发环境技术和培育环境产业来预防、解决环境问题，并通过引导韩国公民的绿色生活，最终达到保护环境、发展经济的目标，并为韩国公民的健康和安全做出贡献。

KEITI 下设国家环境信息中心、环境认证鉴定中心、教育中心、海外中心，涵盖了环境信息网络建设、环保技术研发、环境评估、鉴定和认证、环保教育培训以及国际合作等环保职能的各个方面，践行大环保理念。各个部门在KEITI的统一管理下各司其职，打破了环保碎片化管理模式，形成整体化管理模式。

KEITI 工作内容包括以下两个方面：

①根据企业的不同发展阶段提供定制化的企业支持服务，以利用中小环境企业的创意性技术达到开拓国外市场的目的。

②积极培养环境专业人才，推进公民健康和安全项目研究，构筑和施行环境事故受害赔偿等相关制度以及运营环境标志、环境新技术等认证制度。

4.4　科技创新服务平台主要类型

国外科技创新服务平台建设起步较早，平台组织架构和服务体系日趋完善，平台盈利模式不断创新，逐渐拥有了核心竞争力。通过分析美国以及欧洲和亚洲地区（国家）的科技创新服务平台实例，科技创新服务平台主要类型包括以下几类：政府主导型、政府引导型、科研机构自主型、市场自发型（表 4-2）。

表 4-2 国外科技创新服务平台主要类型对比

平台类型	特 点	典型代表
政府主导型	由政府及其相关部门投资建立，平台一般隶属于政府及其相关部门，经费以政府拨款为主，主要目的是实施国家或区域科技计划，并为促进科技创新提供资源和服务。	日本科学技术振兴机构（JST）
政府引导型	强调政府的引导作用，体现在财政补贴、政策引导、财税优惠等方面，而非直接主导平台的建设和运营，产学研联合是该类平台的主要特点。	德国史太白技术转移中心（STC）
科研机构自主型	主要是大学及研究机构自行成立技术许可办公室或中介机构，为大学及研究机构提供服务，包括技术成果评估、专利申请、技术许可、市场风险预测、专利保护等知识产权管理工作。	美国大学技术许可办公室（OTL）
市场自发型	实现完全市场化运作，利用市场运行机制提供科技创新服务。成功的市场自发型平台一般以大企业联合的方式建立，通过资源整合实现平台的良好运营。	美国网络技术交易平台 Yet2

4.4.1 政府主导型：以日本科学技术振兴机构为代表

政府主导型科技创新服务平台由政府及其相关部门投资建立，平台一般隶属于政府及其相关部门，经费以政府拨款为主，主要目的是实施国家或区域科技计划，并为促进科技创新提供资源和服务。日本科学技术振兴机构（JST）是依据《国立研究开发法人技术振兴机构法》成立的国立研究开发法人单位，隶属于日本文部科学省，是日本国家科学计划的主要实施机构，JST 的经费来源以政府拨款为主。美国国家技术转移中心（NTTC）也属于政府主导型平台，1989 年由美国国会拨款成立，主要任务是将联邦政府资助的国家实验室、大学等的研究成果迅速推向工业界，使之尽快成为产品，增强美国工业的竞争力，运行模式为总部 +6 个区域技术转移中心。韩国环境产业技术院（KEITI）是韩国环境部下属的准政府机关，2009 年 4 月由韩国环境技术振兴院和环境商品振兴院联合成立，其中重要的责任是根据企业的不同发展阶段为其提供定制化的企业支持服务，通过开发环境技术和培育环境产业来预防、解决环境问题。

4.4.2　政府引导型：以德国史太白技术转移中心为代表

政府主导型科技创新服务平台强调政府的引导作用，体现在财政补贴、政策引导、财税优惠等方面，而非直接主导平台的建设和运营，产学研联合是该类平台的主要特点。德国史太白技术转移中心（STC）是政府引导型平台的典型代表。STC 是由史太白经济促进基金会和众多史太白专业技术转移中心组成的网络，经历了政府强有力支持、政府与面向市场结合和完全市场化运营3个阶段。1971年在总部所在州经济部倡议下，工商会、行业协会和研究机构等共同出资成立史太白经济促进基金会，州政府通过无偿资助及购买服务的方式，支持基金会提供技术咨询服务。1999年起基金会放弃州政府每年的财政补贴，步入完全市场化运营轨道，政府主要通过税收优惠政策鼓励史太白网络的技术转移活动。欧洲创新与技术研究院（EIT）由欧盟支持建立，旨在推动欧盟产学研之间建立合作伙伴关系。美国联邦实验室技术转让联合体（FLC）是一个由700多家联邦实验室及其上级部门所组成的全国性技术转移网络组织，主要任务是建立联邦实验室技术与市场需求间的联系。丹麦“绿色国度”联盟（SG）由丹麦政府联合丹麦四大主要商业协会（丹麦工业联合会、丹麦能源协会、丹麦农业与食品委员会以及丹麦风能协会）共同成立，通过与丹麦科技大学、萨姆索岛能源学院等高校和科研机构建立合作关系，保障最新科研成果的实时更新。

4.4.3 科研机构自主型：以美国大学技术许可办公室为代表

科研机构自主型科技创新服务平台主要是大学及研究机构自行成立技术许可办公室（Office of Technology Licensing, OTL）或中介机构，为大学及研究机构提供服务，包括技术成果评估、专利申请、技术许可、市场风险预测、专利保护等知识产权管理工作，大学及研究机构拥有技术专利所有权。1980 年美国国会通过《拜杜法案》，在《拜杜法案》的推动下，自 20 世纪 80 年代起，美国许多大学建立了 OTL，并随之发展成为美国大学技术转移和知识产权经营的标准模式。美国大学 OTL 由学校分管科研的副教务长直接管辖，向上对教务长以及学校校长负责，斯坦福大学 OTL 是最为成功的 OTL 案例。日本和以色列也有该类平台，1998 年日本政府颁布《促进大学等的技术研究成果向民间事业转移法》，明确政府从制度与资金方面对大学技术转移机构予以支持，日本大学的技术转移机构如东京大学先进科学技术孵化中心（CASTI）、早稻田大学外联推进室；以色列七所研究型大学中除海法大学外各大学都有专门从事技术转移的中介公司，负责将学术成果完成科技成果转化，包括专利申请和许可、寻找投资者和战略伙伴等，如以色列魏兹曼科学院创立的 YEDA 技术转移公司。

4.4.4　市场自发型：以美国网络技术交易平台 Yet2 为代表

市场自发型科技创新平台实现完全市场化运作，利用市场运行机制提供科技创新服务。成功的市场自发型平台一般以大企业联合的方式建立，通过资源整合实现平台的良好运营。美国网络技术交易平台 Yet2 就是市场自发型平台的典型代表。Yet2 由杜邦公司、福特公司、波音公司、美国陶氏化学公司等出资成立，是全球首次利用网络进行虚拟技术交易的平台，也是目前全球最大的网络技术交易市场平台之一。Yet2 在全世界范围内为技术需求和技术供给双方提供一个联系、沟通以及合作的平台，依托平台技术信息库，Yet2 每年向客户提供 400 多条经过筛选的技术和公司信息。Yet2 服务主要包括五个方面，即创新咨询、技术搜索、开放创新门户搭建、技术许可和专利交易。美国创新中心 InnoCentive 创建于 2001 年，是一个开放式科技研发供求衔接网络平台。InnoCentive 通过创造一个“市场”，使需求方获得“商品”，而供给方通过获得市场激励来提供需求方所需的“商品”。创新中心 Inno Centive 网站收入来源于那些“求解者”企业。任何寻求科技咨询的企业，除了要向创新中心交付一定的会费以外，还要为每个解决方案支付 5 000—100 000 美元。

4.5 经验借鉴

国外科技创新服务平台建设及运营经验包括以下几个方面：

4.5.1　政府引导和市场化运作两手发力，整合创新资源

欧洲和美国的科技创新服务平台主要采取市场化管理模式，政府不直接参与平台建设和管理，通过政府投入、法律政策等方式引导平台发展，以此整合创新资源，促进创新主体间的合作，实现公共资源和市场资源的优化配置。政府起引导作用，不断完善政策法规体系，并给予财政和行政上的支持。如德国史太白技术转移中心（STC）早期的资助主要来自州政府拨款并享受税收优惠，州政府每年给予史太白基金会 50 万—200 万马克的资金。平台成熟后，州政府改变直接拨款的资助方式，通过政府采购服务给予项目支持。为体现政府对科技创新的意图，州长府及科技等内阁部门、州议会党团代表在史太白基金理事会中占一半以上席位，主要负责制定基金会章程及服务准则。丹麦“绿色国度”联盟（SG）的运营资金依靠政府支持和商业赞助，一方面来源于丹麦外交部、丹麦能源与气候部、丹麦农业与食品部、丹麦工商部的资金和项目支持，另一方面来源于沃旭能源、维斯塔斯、丹佛斯、格兰富等企业的商业赞助。

4.5.2　平台服务功能升级，创新“互联网 +”运营模式

随着互联网的快速发展，科技创新服务平台已不再停

留在传统的中心、基地、实验室等纯线下平台服务模式，“互联网 +”运营模式快速发展。以平台网站为依托开展技术创新服务，平台服务类型不断完善的同时，平台服务效率也大大提升。美国网络技术交易平台（Yet2）是全球利用网络进行虚拟技术交易的先驱，也是目前全球最大的网络技术交易市场平台之一。Yet2 不是简单地停留在技术搜索服务，Yet2 依托平台技术信息库，在网站上就可以实现咨询、技术搜索、技术交易、线上洽谈等多项技术服务，美国 Yet2 平台网站的用户数量已经超过 13 万户。同时，“线上线下”相结合的平台运营模式提高了技术供需对接效率。丹麦“绿色国度”联盟（SG）采用“线上线下”相结合的模式为用户提供可持续解决方案以及实现绿色技术推广，SG 网站作为开展服务工作的主要平台，通过搭建线上平台汇集和展示丹麦及世界各地的绿色技术，同时 SG 还通过举办“绿色国度”参访项目和绿色国度展厅进行技术推广。

4.5.3 平台营利模式不断创新，提升平台可持续发展能力

对于营利机构而言，营利能力是平台生存和发展的必备条件。很多国外平台在起步阶段，通过收取技术供给者或技术需求者佣金的形式取得收入。现在已有较多平台通

过提供技术价值评估服务、商业化计划书编制、市场预测等增值服务来增加收入。美国网络技术交易平台（Yet2）的收入来源包括信息发布费、交易费和增值服务费，信息发布费的收费标准是发布一条信息必须缴纳 1 000 美元，平台对每笔交易收取交易总额 15% 的费用且一般不低于 1 000 美元，增值服务费包括咨询费、投资方案设计费等，视客户所要求服务类型不同而设定不同的收费档次。

4.5.4　强大的技术资源库支撑平台运作

科技战略是一个国家或地区科技发展的顶层设计和指导，如 EIT 明确把发展知识与创新经济、绿色经济和高就业经济，实现智慧型、可持续和包容性增长，作为建设欧洲社会市场经济的三大战略优先任务，突显了科技支撑、创新引领经济社会发展的战略定位。技术和专家资源是科技战略中科技创新服务平台的保障，强大的技术资源库是支撑平台运行的必备条件之一。技术资源实现平台为技术需求者提供技术搜索和对接的服务，专家资源则是平台提供技术咨询、评估等服务的专业资源。美国国家技术转移中心（NTTC）的技术信息库汇集了超过 700 个联邦实验室与 100 多所大学的科技成果资料。技术资源库还必须有最新的技术资源保障，以实现技术资源库的及时更新。丹麦“绿色国度”联盟（SG）通过与丹麦科技大学、萨姆索岛能源学院等高校和科研机构建立合作关系，保障最新科研成果的实时更新。InnoCentive 充分利用专家资源，搭建了全球的企业与顶尖科学家沟通和对接的平台，促成难题需求者与供给者的快速配对，帮助企业低成本、高效率地实现创新活动。

4.5.5 专业技术创新服务人才认证，推动科技成果转移发展

技术经理人以科技转化工作为职业，是推动科技成果转移发展的重要力量。欧洲的技术经理服务是提高技术转移成功率的重要保障，欧洲的技术经理人培训认证体系较为完善，欧盟委员会专门设立技术转移认证认可机构，该机构有对技术转移教学人员和学员的资质认证，在欧洲及一些非洲国家开展技术转移培训并对学员能力进行认证，具有权威性。

4.5.6 服务内容不断完善，实现技术转化“一站式”服务

技术转化全过程服务涉及咨询、搜索、对接、金融、洽谈等多个环节，完善的服务内容可为技术转化全过程提供“一站式”服务。以色列创新局（IIA）将服务对象进行分类，分别设立创业部、发展部、技术基础设施部、国际

合作部、先进制造部和社会挑战部开展分类服务。欧洲企业网络（EEN）为中小企业提供技术创新、成果转化和经贸支持，帮助中小企业寻找新市场和技术合作，具体包括推动建立商务合作、提供知识产权和专利咨询以及帮助寻求经贸支持等。

4.5.7　风险投资高效集聚，为成果转化提供资金保障

国外平台的一个鲜明特征是整合了风险投资相关资源。技术交易平台吸引聚集风险资本投向具备产业化应用价值的技术成果，推动技术成果转化。国外一些技术交易平台成立了自己的风投基金，第一时间跟进投资高质量技术成果，保障技术交易成果转化的效果。例如 Yet2 平台整合了风险投资基金，以更快速度、更高效率推动技术成果产业化。欧洲企业网络（EEN）通过评估企业财政状况，并帮助其寻找合适的经贸支持途径，包括风险投资和贷款、公共财政支援、税收抵免等。

4.5.8　建立成功的“产学研用”或“政产学研用”运行模式

“产学研用”或“政产学研用”模式是平台成功运行的关键。企业始终是创新平台建设的主体，负责市场化运

作创新平台，为平台提供配套资金，促进科技成果的资本化、市场化；高校、科研机构也是平台的重要参与方，与企业共同进行技术开发；政府是平台运作的重要指导者，为平台提供一定的资金支持，必要时与企业一起组成战略联盟。日本和韩国两国的政府在平台建设中的作用非常突出，形成了具有代表性的“政产学研用”模式。

4.5.9 建立科学合理的考核评估机制

平台的持续良好运行，需要一套科学合理的考核评估机制对平台进行监督管理。考核评估机制的核心是设计一套科学合理的评价指标体系和绩效评价制度，以此加强平台的内部自律和社会监督。例如，FhG 与政府签订“确保科研质量”协议，对 FhG 以及所属研究所工作实施开展评估。各研究所每年度向 FhG 提交年度报告，FhG 执行委员会委托专家对报告进行审查，并给出评价意见，FhG 每五年对各研究所进行一次综合评估。

4.5.10 通过知识产权保护和收益分配促进科技成果转化

科技发展离不开知识产权的转化和合理的收益分配。美国特别重视知识产权转化，国家创新体系下的若干要素均为其“保驾护航”。OTL 主要是促进学校科技成果转化，包括技术成果评估和市场风险预测、技术许可、专利申请等知识产权管理工作，形成一套专利申请、寻找企业、制定授权策略、专利许可谈判、分配专利许可收益的科技专利管理体系。这体系中，允许发明人分享收益，以激励发明人不断公布发明并配合随后的专利申请和许可工作，同时也提升了发明人的地位和声望。

第5章

国内外科技创新服务平台建设与运行的启示和建议

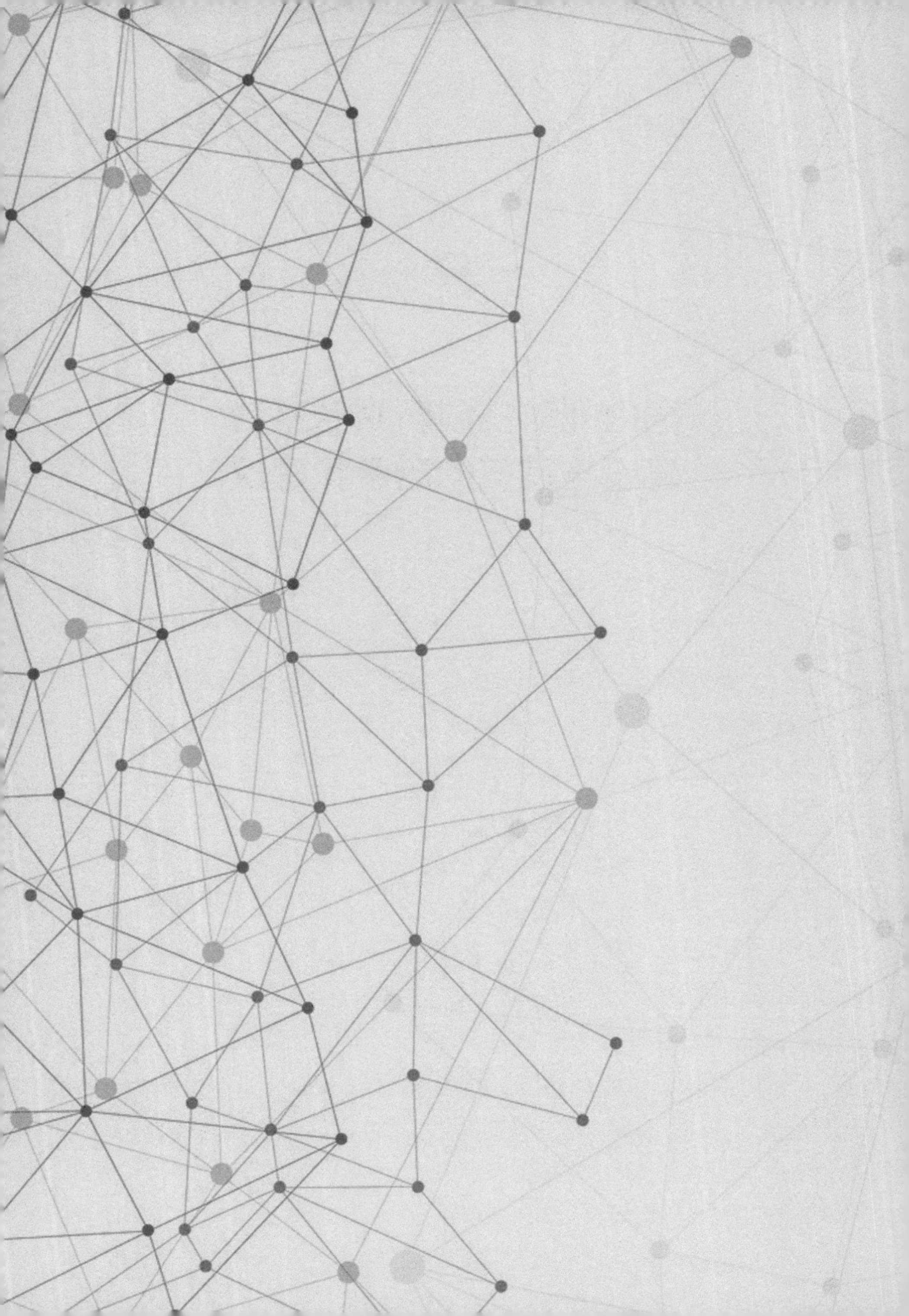

国内科技创新服务平台虽然起步较晚，但得益于政策的支持近几年呈现蓬勃发展之势。借鉴国内外平台建设经验，无论是何种类型的平台，首先要有明确的定位，特别是在竞争日益加剧的今天，如果不懂得取舍，不知道集中有限的资源在一个细分领域去加强自身的竞争力，对平台而言别说发展，生存都是一个重大问题。其次是平台功能开发，通过平台功能构建成一个完整的系统，将实时数据和离线数据打通，吸引更多的用户。最后是平台运行和保障机制的建立，从国家层面建立完善科技创新服务平台建设制度体系，为科技创新服务平台提供良好的发展空间；平台方面也应不断完善自身的管理模式，创新服务体制和机制，整合“产学研用”一体化资源。

5.1 对政府主导型科技创新服务平台的启示与建议

5.1.1 政府方面

（1）完善科技创新服务平台建设的制度体系

加强完善国家制度建设，规范平台运行流程。当前我国科技创新服务平台的建设还缺乏相应的法律法规和制度的约束，平台建设缺少一个相对稳定的操作环境。进一步地加强立法，协调完善各部门之间的关系，同时要给予地方平台开发一定的自主性，因地制宜地制定适合本地区平台建设的规章制度。在规章制度的设计上，政府应该从长远角度出发，全面考虑，每一种类型或者领域的平台都覆盖，在平台运行管理制度的设计方面也要有所创新，允许平台有效地利用各种资源，积极地发展壮大，为信息的共享而发挥作用。科技创新服务平台建设的制度体系包括平台建设与认定、绩效考核、科技资源共享保险、平台服务收费、知识产权保护、税收优惠、拨款资助、采购服务等方面的政策、实施细则、管理制度或标准规范等。

（2）建立科技服务专业人才队伍培养策略

科技创新服务平台聚焦产业发展前沿和高端产业方向，

加快高层次科技成果转化人才的引进和培养，打造符合市场运作规律的、人才结构划分合理的科技成果转化专业队伍。一是努力打造一支包括技术经纪人、专利代理人、法律顾问、项目经理等的专业化科技成果转化人才队伍，畅通职业发展和职称晋升通道。二是建立科技成果转化人才培养基地，探索技术经纪人资质培训和认证制度以及高端国际化人才培养机制，促进技术经纪行业整体发展。三是建立高校院所与企业人才双向流动渠道，鼓励科技人员深入企业、园区，开展科技成果转化活动。

（3）促进科技金融服务蓬勃发展

科技与金融是经济发展中的两大重要引擎，促进科技金融结合，是《国家中长期科学和技术发展规划纲要（2006—2020 年）》及其配套政策确定的战略措施，是解决科技成果转化和科技型中小企业资金瓶颈的现实选择。依托互联网，融合金融行业开展科技金融服务，尽快建立一个层次分明的、多元金融支持的有机组合，如设立政府创业风险投资引导基金，为我国科技成果转化不同阶段与不同环节提供多元化的金融支持。具体而言，一方面，要发展新技术、新产品融资顾问服务，基于现有市场金融服务工具，帮助处于增长期的高新技术企业和成熟的高新技术企业，根据企业具体需要，制订综合的金融服务解决方案。另一方面，利用 O2O 模式，建立网上科技成果市场体系，推动科技成果供需双方精准对接。鼓励国内有一定实力的科技成果交易平台开发科技成果撮合、交易担保、结算等平台系统，科技成果需求方可基于强大的数据搜索功能，在平台轻松、便捷、可靠地完成科技成果交易活动。

5.1.2 平台方面

（1）创新科技成果转化模式，整合“政产学研用金资源

政府支持与市场化运作完美结合，实现公共资源和市场资源的优化配置。建立政府引导、企业主体、院校协作、多元投资的“政产学研用金”协同创新模式，集聚创新要素，加速创新成果转化。“政产学研用金”相结合，是政府、企业、院校、市场、金融不同社会分工在功能与资源优势上的协同与集成化，是技术创新上、中、下游的对接与耦合。科技创新服务平台为高校、科研机构、企业、产业基地、需求方提供合作平台，有效降低企业研发成本，提高科技成果转化、转移和推广的效率，提升科技成果转化的成功率。

（2）创新盈利模式，深入挖掘平台增值服务

在科技创新服务平台基础服务内容的基础上，深入挖掘建立优势科技创新增值服务。如科技成果交易服务，科技成果交易信息是非常宝贵的市场数据，既可用于企业、高校科研机构了解科技成果最新动态及产业化最新趋势等，也可以为政府制定科技成果转移转化政策或各类产业扶持政策提供决策参考。科技创新服务平台可建设科技成果交

易大数据系统，利用后台掌握的科技成果交易大数据，深度开展科技成果评估、商业化计划开发、决策咨询、前沿技术预测、市场预测等增值服务。

5.2　对市场自发型科技创新服务平台的启示与建议

5.2.1　提高平台科技资源整合质量

在创新生态系统时代，产业内各企业、科研机构、高等院校、各类中间组织甚至政府、个人等创新主体只有共同构成合作创新网络，才能有效整合、创造、传递和获取价值，推动知识链、技术链与产业链共同演进。积极推进产学研之间合作，促进各类创新主体和创新资源集聚，努力培育和提升一批层次结构合理，功能较为完备的科技创新服务平台。一要提高平台科技资源的权威性和全面性。国家平台整合的资源必须是本专业领域中最权威、最全面的，这是国家基础条件平台一项重要的使命和义务。二要增强平台整合资源的规范化和标准化。国家平台要对整合的科技资源信息进行规范化和标准化的加工，进一步完善科技资源的数字化、信息化整合，提高科技资源的可用性。三要提高平台整合资源的针对性和有效性。平台整合资源要与服务相对接，要针对平台资源的用户尤其是中小企业的需求来整合资源和提供服务，如很多中小企业对标准、专利等很感兴趣，还有很多专业技术方面的需求，平台整合资源要考虑服务对象的需求，以提高针对性和有效性。

5.2.2 完善平台服务保障条件

（1）建立不同创新主体差异性创新政策

创新政策应基于构建合作创新网络和协同创新平台的需要，既重视对形成创新生态系统起到发动机作用的核心企业的培育，也注重对创新生态系统中配套企业参与创新的引导；既强调高校和科研机构在构建创新生态系统中的优势，也突出各类中间组织加速创新成果转化和扩散的作用。

（2）建立健全技术评估体系和企业筛选制度

政府应在体系制度完善中扮演主导作用，由政府部门牵头，在现有基础上建立完善的市场化科技成果评估体系，构建社会化评价服务模式，保障科技成果资源的持续权威更新；建立企业筛选评价制度，科技成果供应方和需求方企业都需要经过严格筛选，保障入库数据的有效性和权威性，可采用交易量积分排行、专家鉴定评选等方式。

（3）加大平台宣传力度和建立评估激励机制

政府科技主管部门和行业领域部门定期编制平台名录，

发布科技成果转移、转化、对接优秀案例；建立平台评估机制，定期开展平台综合评估，对评估较好的平台予以财税优惠、项目倾斜等奖励。

（4）健全人才培养评价体系

通过培训、学习、研讨等途径提高现有从业人员的专业技术能力；投入专项经费，引进优秀人才，构建具有专业知识、创新精神的高素质复合型服务队伍；并通过制定共享服务奖励条例，将服务绩效与薪酬补助、职位晋升、聘用关系等紧密联系，充分调动人才积极性。

5.2.3　促进“互联网 + 技术 + 金融”融合

依托互联网，加强平台门户系统建设，融合金融行业，开展科技金融服务。一是利用 O2O 模式，建立网上技术市场体系，推动技术供需双方精准对接。鼓励国内有一定实力的技术成果交易平台开发技术成果撮合、交易担保、结算等平台系统，技术需求方可基于强大的技术数据搜索功能，在寻找到合适的技术需求后，在平台轻松、便捷、可靠地完成技术交易活动。二是发展新技术融资顾问服务，帮助处于增长期的高新技术企业和成熟的高新技术企业寻求技术创新研发资金和投资机构的支持。三是拓宽科技投入的渠道，引导银行、非银行金融机构、民间资本投向高新技术领域。

参考文献

[1]胡春华．国外科技创新平台建设分析与启示[J]．现代商贸工业，2017(20)：129-130.

[2] European Commission. Working together for growth and jobs: A new start for the Lisbon strategy[R]. European Commission, Brussels, 2005 (24): 234-345.

[3]唐震，汪洁，王洪亮．EIT 产学研协同创新平台运行机制案例研究 [J]．科学学研究，2015，33(1)：154-160.

[4]徐清．欧盟“创新型联盟”战略及对我国建设创新型国家的启示 [J]．现代管理科学，2012(9)：85-87.

[5]石坚，李竹渝．欧盟东扩：共同挑战“增长与就业”——《里斯本战略规划》的新起点 [J]．四川大学学报（哲学社会科学版），2007(6)：11-15，42.

[6]刘莹，张沛然，黄丽华，等．面向中小型企业的科技服务平台服

务模式研究 [J]. 科技与管理，2016，36(3)：1723.
[7] 苏平，杨霄飞，王晓丹．“互联网+”专利运营服务平台模式研究 [J]. 重庆理工大学学报（社会科学版），2017(11)：8189.
[8] 董雨，魏国健．EIT-KIC 平台对我国构建区域性协同创新平台的启示 [J]. 中国高校科技，2018, 362(10)：3032.
[9] 中国科学技术馆．中国数字科技馆建设进展 [J]. 科技导报，2016，34(12)：5865.
[10] 曾建勋，曹继东，苏静．国家科技管理信息系统构建及其对科技情报工作的影响 [J]. 情报学报，2016，35(9)：900910.
[11] 我国技术转移示范机构的先行者与领跑者——中国科学院北京国家技术转移中心 [J]. 中国科技产业，2015(12)：36-39.
[12] 苏平，杨霄飞，王晓丹．“互联网+”专利运营服务平台模式研究 [J]. 重庆理工大学学报（社会科学版），2017(11)：81-89.
[13] 王波．北京中小企业技术转移平台建设与实践 [J]. 科技成果管理与研究，2010(12)：48-51.
[14] 王成刚，郑金连，佟大伟．典型跨国技术转移机构案例分析 [J]. 中国科技成果，2012(11)：4-6.
[15] 王锐，唐述毅．我国团购网站商业模式分析与创新 [J]. 电子科技大学学报（社会科学版），2013，15(4)：45-48.
[16] 刘春燕，杜薇薇．美国技术报告与 NTIS 服务及对我国的启示 [J]. 中国科技资源导刊，2014(1)：40-44.
[17] 李力．关于日本科学技术振兴机构的研究 [J]. 江苏广播电视大学学报，2005，16(6)：90-91.

[18] 隆云滔，张富娟，杨国梁．斯坦福大学技术转移运转模式研究及启示 [J]. 科技管理研究，2018，38(15)：120-126.
[19] 郭登峰，潘剑波．新时代科技成果产业化及其转化机制——以斯坦福大学、清华同方为例 [J]. 开发研究，2018(2)：33-37.
[20] 彭术连，肖国芳．斯坦福大学技术转移的路径分析及其启示 [J]. 现代教育科学（高教研究），2008(3)：47-50.
[21] 张艳，秦锦义．基于 Yet2 全球服务平台的知识产权中介服务模式研究 [J]. 科技和产业，2016，16(5)：100-104.
[22] 郭天超．商业模式与战略的关系 [J]. 企业导报，2011(8)：39-42.
[23] 丁明磊，陈宝明．英国、德国经验对发展科技中介机构的借鉴 [J]. 杭州科技，2014(2)：61-62.
[24] 丰志勇．基于科技中介服务机构的产业密集区技术扩散研究 [D]. 上海：华东师范大学，2006.
[25] 黄黎，向闹．浅析德国史太白技术转移中心运作模式及启示 [J]. 湖北第二师范学院学报，2017，34(10)：69-71.
[26] 雨田．管窥德国史太白技术转移中心 [N]. 中国科学报，2019-04-04(6).
[27] 王春莉，于升峰，肖强，等．德国弗朗霍夫模式及其对我国技术转移机构的启示 [J]. 高科技与产业化，2015(10)：26-30.